Saïd Birèche

Méthodologie de l'analyse de risques

Said Bireche

Méthodologie de l'analyse de risques

Application aux réactions de gonflement du béton

Éditions universitaires européennes

Imprint
Any brand names and product names mentioned in this book are subject to
trademark, brand or patent protection and are trademarks or registered
trademarks of their respective holders. The use of brand names, product
names, common names, trade names, product descriptions etc. even without
a particular marking in this work is in no way to be construed to mean that
such names may be regarded as unrestricted in respect of trademark and
brand protection legislation and could thus be used by anyone.

Cover image: www.ingimage.com

Publisher:
Éditions universitaires européennes
is a trademark of
Dodo Books Indian Ocean Ltd. and OmniScriptum S.R.L Publishing group
Str. Armeneasca 28/1, office 1, Chisinau-2012, Republic of Moldova, Europe
Printed at: see last page
ISBN: 978-3-8417-4769-3

TABLE DES MATIERES

I – INTRODUCTION……………………………………………………..……05

    I.1 – Contexte et problématique……………………………………...…..05

    I.2 – Réactions de gonflement du béton…..……………………………..05

    I.3 – Analyse de risques...…………………………………………….…...07

    I.4 – Objectifs du présent travail……………………………..08

II – ETAT DE L'ART…………………………………………………………10

    II.1 – Modes de défaillance liés aux réactions de gonflement interne…..…….10

        II.1.1 – Alcali-Réaction (AR)…………………………………………..10

        II.1.2 – Réaction Sulfatique Interne (RSI)…………..………….…...17

    II.2 – Expansion des bétons………………………………………….....23

    II.3 – Analyse préliminaire…………………………………………….24

        II.3.1 – Principes de l'analyse préliminaire………………..………….24

        II.3.2 – Mise au point de la méthode………………..…………...…...25

III – ELABORATION ET APPLICATION DE L'ANALYSE
PRELIMINAIRE…………………………………………………………...28

    III.1 – Contexte et objectifs………………………………………….28

    III.2 – Méthodologie…………………………………………..………28

        III.2.1 – Proposition d'une fiche « type » de notation………………...28

        III.2.2 – Introduction de poids sur chaque critère………………...32

        III.2.3 – Scénarios supposés……………………...………………….33

    III.3 – Recueil des informations…………………………………….34

        III.3.1 – Environnement des ouvrages……………………………......35

        III.3.2 - Formule de béton mis en place……………………………...35

        III.3.3 – Température et dates de coulage………………...………….38

        III.3.4 – Autres informations…………………………………….......39

III.4 - Présentation et interprétation des résultats............................39

III.4.1 – Cas de l'alcali-réaction (AR).................................40

III.4.2 – Cas de la réaction sulfatique interne (RSI).........................46

III.5 - Analyse approfondie et vérification des résultats........................53

III.5.1 - Distancemétrie à fil Invar..................................53

III.5.2 - Essai d'expansion résiduelle................................54

III.5.3 - Examen au microscope électronique à balayage (MEB).............55

III.5.4 - Discussion générale des résultats.............................57

IV – CONCLUSION...59

ANNEXES..61

ANNEXE 1 : Identification des réactions de gonflement interne du béton dans les ouvrages..62

ANNEXE 2 : Scénarios supposés pour traiter le cas « pas d'information ».......68

ANNEXE 3 : Galerie photos des chevêtres..............................72

ANNEXE 4 : Organigramme décisionnel de l'analyse préliminaire.............84

DOCUMENTS DE REFERENCE..86

BIBLIOGRAPHIE..88

NOTICE ANALYTIQUE

RGI : Réactions de Gonflement Interne.

AR : Alcali-Réaction.

RSI : Réaction Sulfatique Interne.

MDi : Mode de Défaillance lié à une pathologie.

AMDEC : Analyse des Modes de Défaillance, de leurs Effets et de leur Criticité.

APD : Analyse Préliminaire des Dangers.

XHi : classe d'exposition d'un ouvrage à l'humidité.

IQOA : Image de la Qualité des Ouvrages d'Art.

R : coefficient de réduction.

Q41 : chaleur d'hydratation du ciment à 41h.

ΔT **:** élévation de température.

ΔT_{adia} **:** élévation de température en l'absence de déperditions thermiques.

τ_l **:** période de latence (ou période d'accélération initiale).

τ_c **:** temps caractéristique.

β **:** gonflement asymptotique (ou amplitude maximale de gonflement).

CA_j **:** Critère d'Aléa lié à une pathologie.

A_{MDi} **:** Aléa lié à une pathologie particulière.

CV_j **:** Critère de Vulnérabilité lié à une pathologie.

V_{MDi} **:** Vulnérabilité d'un ouvrage ou d'une partie d'ouvrage vis-à-vis d'une pathologie.

p_j **:** poids attribué à un critère.

PS : ouvrage de type passage supérieur à dalle précontrainte.

CC : Chevêtre sur Culée.

Q **:** chaleur dégagée.

C_{th} **:** capacité thermique du béton.

M_c, M_e, M_s, M_g **:** masses de ciment, d'eau, du sable et des gravillons.

$M_{eliée}$ **:** masse d'eau chimiquement liée aux hydrates.

$C_c^{th}, C_e^{th}, C_s^{th}, C_g^{th}$ **:** capacité thermique massique du ciment, d'eau, du sable et des gravillons.

$C_{eliée}^{th}$ **:** capacité thermique massique de l'eau liée aux hydrates.

ΔQ **:** chaleur dégagée.

x_{C_3A}, x_{C_3S}, x_{C_2S}, x_{C_4AF} **:** pourcentages massiques en aluminates et en silicates.

H_c **:** degré d'hydratation du ciment.

E/C : rapport eau sur ciment.

I – INTRODUCTION

I.1 – Contexte et problématique

Les ouvrages en béton représentent une proportion importante du parc des infrastructures terrestres et maritimes. Globalement, ce patrimoine, ancien, est vieillissant et les probabilités de dégradations à moyen terme sont fortes. Les projets de nouvelles infrastructures et de déconstructions d'ouvrages sont contraints tant sur le plan budgétaire que sur le plan environnemental avec des contraintes parfois très fortes d'exploitation du réseau. Fort de ce double constat, la surveillance et la maintenance des ouvrages existants deviennent un défi majeur pour les maîtres d'ouvrages et les gestionnaires.

Le vieillissement des ouvrages en béton armé et plus précisément la gestion d'un lot d'ouvrages existants est l'une des problématiques majeures des gestionnaires dans les années à venir. Comment évaluer les ouvrages vis-à-vis d'un risque donné ? Comment remettre à niveau un lot d'ouvrages vis-à-vis d'un risque donné ? Comment hiérarchiser les actions de maintenance ? Comment définir une stratégie de surveillance d'un lot d'ouvrages spécifiques (périodicité, données à recueillir, etc.) ? Tout autant de questions légitimes que se posent et se poseront les gestionnaires d'infrastructures.

Les causes possibles de dégradation des ouvrages en béton sont variées. Parmi celles-ci figurent les réactions de gonflement interne (RGI) qui comprennent essentiellement l'alcali-réaction (AR) et la réaction sulfatique interne (RSI).

La démarche d'analyse de risques est une solution parmi d'autres pour répondre à la problématique de la hiérarchisation des ouvrages ou parties d'ouvrages vis-à-vis d'un ou plusieurs risque(s) donné(s). Elle permet notamment d'identifier les risques et d'orienter les décisions et les choix pour les maîtriser, les réduire voire les éviter.

I.2 – Réactions de gonflement du béton

Les structures en béton vieillissent sous l'effet de l'agressivité de leur environnement et de leurs sollicitations mécaniques. Les phénomènes à l'origine de la dégradation du béton armé sont identifiés sous le vocable « mode de défaillance », dont les principaux sont détaillés dans le *Tableau 1*.

	Corrosion des armatures due à la carbonatation
MD2	Corrosion des armatures due à la pénétration des chlorures
MD3	**Alcali-réaction**
MD4	**Réaction sulfatique**
MD5	Gel interne
MD6	Ecaillage
MD7	Attaque sulfatique externe
MD8	Lixiviation
MD9	Diminution de la capacité portante (flexion)
MD10	Diminution de la capacité portante (effort tranchant)

Tableau 1 : Inventaire des modes de défaillance du béton.

En ce qui concerne les réactions de gonflement du béton, qui sont les phénomènes considérés, le béton durci est chimiquement stable dans la plupart des cas. Les seules réactions pouvant alors se manifester après son durcissement sont celles faisant intervenir un agent agressif extérieur tel que les sels marins ou les sulfates d'origine externe. Ces réactions, prévisibles et bien connues, sont prises en compte dans l'établissement des formulations des bétons afin d'assurer une durabilité optimale des ouvrages compte tenu de leur environnement.

Les réactions internes, pour leur part, ne mettent en jeu que les éléments présents dès l'origine dans le béton. Leur développement est favorisé par l'humidité ambiante dont il est difficile de s'affranchir dans le cas des ouvrages extérieurs. Les éléments réactifs sont certaines formes de silice contenues dans les granulats et les alcalins provenant essentiellement du ciment dans le cas de l'AR, les aluminates et les sulfates du ciment dans le cas de la RSI.

La découverte de ces réactions et de leurs manifestations délétères est assez récente : 1940 pour l'AR aux Etats-Unis, avec les premiers cas reconnus en France dans les années quatre-vingt, 1986 pour la RSI en Allemagne, avec les premiers cas identifiés en France dans les années quatre-vingt dix. De nombreuses inconnues demeurent, quant à leurs mécanismes, leur évolution, leur prévention et surtout leur traitement, même si de nombreux progrès ont été réalisés.

En 1993, un premier point a été fait sur la découverte des cas d'AR en France. On dénombrait alors quelques barrages (cinq), mais surtout de nombreux ponts (cent cinquante) dans le nord et en Bretagne [2]. Ne provenant pas d'un recensement exhaustif ou statistique fiable, les chiffres avancés restaient cependant très approximatifs et ne caractérisaient que très imparfaitement la situation réelle de cette pathologie du béton.

En 2001, les réponses à une enquête menée auprès des directions départementales de l'équipement sur les ouvrages atteints de réactions de gonflement (AR ou RSI) ont confirmé les premières tendances sur la répartition géographique, mais ont permis de réévaluer à environ 400 le nombre des ouvrages concernés. Il apparaît cependant que les ouvrages cités étaient atteints à des degrés très divers et que l'absence d'une méthodologie d'investigation uniformisée n'a pas permis d'établir une classification détaillée et fiable de leur état réel. Il ressort tout de même de cette enquête que beaucoup d'ouvrages sont peu affectés et, qu'à l'inverse, un faible nombre le sont gravement. A ce jour, une dizaine d'ouvrages atteints d'AR ont été démolis.

Depuis la parution en 1991 des recommandations relatives à la prévention de l'AR [7], aucun nouveau cas d'ouvrages atteint d'AR n'a été recensé.

Pour ce qui concerne les réactions sulfatiques, leur mise en évidence récente sur des ouvrages, essentiellement sur des parties massives et/ou exposées à l'humidité, et la compréhension encore limitée de leur mécanisme n'ont pas permis, pour l'instant, de mettre au point une méthodologie complète de prévention de ce type de réaction. Ainsi, dans l'état actuel des choses, la découverte dans les prochaines années de nouveaux cas d'ouvrages atteints de RSI reste encore possible et cela, notamment, en raison du délai nécessaire pour que le développement de cette pathologie se manifeste par des symptômes visibles.

I.3 – Analyse de risques

L'analyse de risques est pratiquée dans de nombreux domaines (aéronautique, nucléaire, etc.) et ce depuis les années 1970 [1]. Pour les ouvrages d'art et autres ouvrages de génie civil, l'analyse de risques peut être simplifiée car les objets sont moins élaborés. Les normes et règlements de conception intègrent dès à présent, mais implicitement, une forme d'analyse de risque. Aujourd'hui, il existe un besoin de formaliser ces analyses et d'anticiper les risques de demain notamment ceux liés au vieillissement des ouvrages.

L'analyse de risques fait l'objet de plusieurs méthodologies plus ou moins élaborées et plus ou moins dédiées à des domaines particuliers. La méthode d'analyse des modes de défaillance, de leurs effets et de leur criticité (AMDEC), par exemple, est apparue dans les années 1960 dans l'aéronautique et est actuellement la plus utilisée dans l'industrie. Elle fait l'objet de plusieurs normes selon le contexte d'application [4]. Il s'agit d'une méthode inductive (recherche des conséquences d'une défaillance) d'analyse des défaillances potentielles d'un système particulièrement bien adaptée aux processus de production industrielles [1] et peut se décliner aisément aux structures de génie civil. L'analyse préliminaire des dangers (APD) est une autre méthode présentant un intérêt dans le génie civil. Elle a pour objectif d'identifier les dangers d'un système et ses causes et d'évaluer la gravité des conséquences. L'identification des dangers est effectuée grâce à l'expérience et la connaissance des experts [5].

La méthodologie d'analyse de risques se décline en deux temps : dans un premier temps, la démarche est plutôt qualitative et s'applique sur l'ensemble des ouvrages du lot. Cette étape est appelée « analyse préliminaire ». Dans un deuxième temps, la démarche est détaillée et est plutôt quantitative en s'appuyant sur des données issues d'inspections et d'investigations. Cette étape est appelée « analyse approfondie ».

Le SETRA a notamment proposé une démarche simplifié : Pour un mode de défaillance donné, le risque est le résultat du croisement entre un niveau de criticité et des enjeux ; le niveau de criticité étant le résultat du croisement d'un niveau d'aléa par un niveau de vulnérabilité (*Figure 1*).

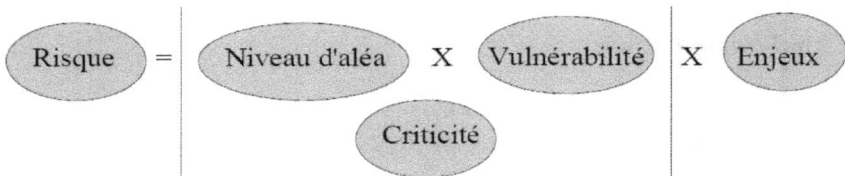

$$\text{Risque} \quad = \quad \underbrace{\text{Niveau d'aléa} \quad \text{X} \quad \text{Vulnérabilité}}_{\text{Criticité}} \quad \text{X} \quad \text{Enjeux}$$

Figure 1 : Principe d'évaluation du risque [4].

I.4 – Objectifs du présent travail

Ce travail s'intègre dans l'opération de recherche 11R122 en cours à l'IFSTTAR et qui porte sur la maîtrise du cycle de vie des ouvrages. En particulier, il est en lien avec l'axe 1 : Analyse de risque sur le cycle de vie des réseaux d'ouvrages d'art. Un des objectifs de cet axe est la maîtrise des risques structuraux sur le cycle de vie des ouvrages. Dans un contexte d'incertitudes sur la résistance structurale de ces ouvrages et sur les sollicitations appliquées, le recours à une méthode d'analyse de risque préliminaire semble particulièrement bien adapté pour aborder la notion de criticité en considérant les niveaux d'aléa et de vulnérabilité des ouvrages qui leur sont associés.

En particulier, l'étude a été initiée sur la base d'une bibliographie et d'une étude de faisabilité d'une analyse de risques dédiée à la gestion d'un lot d'ouvrages en béton armé. Elle s'appuie entre autre sur l'application de la démarche simplifiée proposée par le SETRA [3]. Il est noté que l'évaluation des enjeux n'est pas abordée dans le présent document.

Pour chaque mode de défaillance du matériau béton armé, préalablement identifié, les paramètres permettant d'évaluer le niveau d'aléa et de vulnérabilité des structures (parties ou zones d'un ouvrage) sont recensés. Les modalités d'évaluation du niveau de criticité sont précisées (matrice de criticité).

Chacune de ces étapes doit permettre d'évaluer un niveau de criticité vis-à-vis du mode de défaillance considéré.

Seule l'analyse préliminaire est abordée dans cette étude.

La démarche doit finalement permettre d'identifier et de hiérarchiser les ouvrages « critiques » vis-à-vis des réactions de gonflement interne au béton, d'orienter les actions (surveillance, investigations ou réparations) sur les priorités et de faciliter et argumenter le processus de prise de décision. Les principales difficultés de la classification résident dans la multiplicité des indicateurs, et dans le fait que les phénomènes que ces indicateurs révèlent ne sont pas indépendants les uns des autres. Un objectif majeur de ce document est donc de donner des éléments de réponse aux questions suivantes :

- quel est l'impact du manque d'information,

- quel est l'impact du poids donné à chaque critère,

- quel est l'impact de la répartition des notes pour chaque sous-critère.

Les éléments de réponse à ces deux dernières questions seront apportés ultérieurement.

II – ETAT DE L'ART

II.1 - Modes de défaillance liés aux Réactions de Gonflement Interne (RGI)

II.1.1 - Alcali-Réaction (AR)

L'alcali-réaction (dans la suite, seule la réaction alcali-silice est traitée) est une réaction chimique entre certaines formes de silice ou de silicate présentes dans certains granulats dit « potentiellement réactifs », et les alcalins du béton. Les alcalins peuvent être d'origine interne (le plus souvent apportés par le ciment, mais aussi par les granulats, les adjuvants, l'eau) ou externe (fondants, etc.). La silice amorphe, est susceptible de réagir avec les alcalins et la chaux (portlandite), pour former en présence d'eau des produits gonflants [6]. Ces derniers provoquent des efforts mécaniques importants au cœur du béton et une expansion de la structure (*Figure 2 : (a) et (b)*).

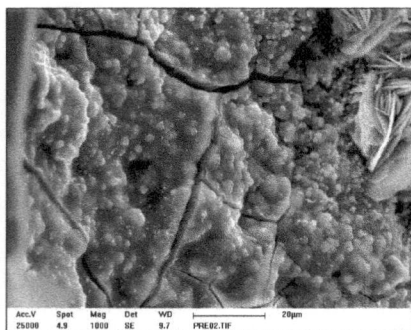 

Photo (a)   *Photo (b)*

(a) : Gel mamelonné à texture craquelée résultant d'une réaction alcali-silice.
(b) : Rosettes constituées de microcristaux lamellaires résultant d'une réaction alcali-silice.

Figure 2 : Produits résultants d'une réaction alcali-silice
(cliché pris au microscope électronique à balayage) [12].

a) Niveau d'aléa

Il traduit l'importance des différents aléas qui agressent l'ouvrage. Les paramètres influant sur le niveau d'aléa sont [4]:

- l'humidité de l'environnement,
- les alcalins d'origine interne et externe.

Ces paramètres sont détaillés dans la suite de ce paragraphe.

L'humidité de l'environnement

Le développement du gel d'alcali-réaction demande une quantité d'eau importante. Celle-ci peut venir de l'eau libre interne au béton, mais nécessite le plus souvent un apport d'eau extérieur [7]. L'expérience montre que les structures atteintes se trouvent soit en contact avec l'eau, soit dans un environnement humide, soit exposées à des cycles d'humidification/séchage. On considère qu'il y a peu de risque de désordre lorsque l'hygrométrie du béton est inférieure à 80%. Dans le *Tableau 2*, on propose de ne s'intéresser qu'à l'humidité en définissant trois niveaux d'exposition. Pour cela, on s'appuie sur les classes d'exposition définies dans les recommandations pour la prévention des risques de réaction sulfatique interne [8].

Classe d'exposition	Description	Type de structures
XH1	Sec ou humidité modérée	- béton situé à l'intérieur de bâtiments où le taux d'humidité de l'air ambiant est faible ou moyen, - béton situé à l'extérieur et abrité de la pluie.
XH2	Alternance d'humidité et de séchage, humidité élevée	- béton situé à l'intérieur de bâtiments où le taux d'humidité de l'air ambiant est élevé, - béton non protégé par un revêtement et soumis aux intempéries ou à des condensations fréquentes.
XH3	En contact durable avec l'eau : immersion permanente, stagnation d'eau, zone de marnage	- béton submergé en permanence dans l'eau, - éléments de structures marines, - grand nombre de fondations, - béton régulièrement exposé à des projections d'eau.

Tableau 2 : Classes d'exposition à l'humidité [4].

Les alcalins d'origine interne au béton

Les alcalins, à l'origine de l'alcali-réaction, comprennent les oxydes de sodium (Na_2O) et de potassium (K_2O) et proviennent principalement du ciment, des adjuvants et des additions. Ils peuvent parfois être relargués par certains granulats. Les recommandations actuelles en matière de prévention vis-à-vis de l'alcali-réaction s'appuient notamment sur le bilan en alcalins équivalent de la formule de béton. Il s'agit d'un critère analytique. Le bilan des alcalins consiste à calculer, pour chaque constituant, la teneur en équivalent Na_2O ($Na_2O_{eq} = Na_2O + 0,658\ K_2O$) [13] et à en faire la somme sur l'ensemble des constituants de la formule. Cette valeur est ensuite comparée à un seuil.

Le laitier, bien que contenant lui-même des alcalins, est efficace pour réduire les risques d'alcali-réaction. Les recommandations distinguent plusieurs cas selon que les ciments contiennent ou non une forte proportion de laitier.

Le *Tableau 3* illustre les recommandations à suivre, en terme de taux d'alcalins, pour différents types de ciment.

Type de ciment	Critère
Bétons formulés avec des ciments CPA (CEM I), CPJ (CEM II), CLC (CEM V) ou bétons ayant une composition similaire	$Na_2O_{eq} < 3\ kg/m^3$
Bétons formulés avec un ciment de type CHF (CEM III/B)	- le ciment CHF (CEM III/B) contient plus de 60% de laitier - le pourcentage en alcalins totaux (en % du poids de ciment) est inférieur à 1,1%
Bétons formulés avec un ciment de type CLK (CEM III/C)	- le ciment CLK (CEM III/C) contient plus de 80% de laitier - le pourcentage en alcalins totaux (en % du poids de ciment) est inférieur à 2%

Tableau 3 : Taux d'alcalins à ne pas dépasser pour différents types de ciment [4].

Les alcalins d'origine externe au béton

Les alcalins peuvent également provenir du milieu extérieur : sels de déverglaçage, eau de mer, etc. Pour les infrastructures routières exposées aux sels de déverglaçage, on peut ainsi définir trois niveaux d'exposition (*Tableau 4*) en fonction de la fréquence de salage :

Niveau d'exposition	Fréquence de salage
Faible exposition aux sels	Salage peu fréquent (nombre de jours de salage par an < 10 j)
Exposition modérée aux sels	Salage fréquent (nombre de jours de salage par an compris entre 10 et 30 j)
Forte exposition aux sels	Salage très fréquent (nombre de jours de salage par an > 30 j)

Tableau 4 : Niveaux d'exposition aux alcalins (environnement routier) [4].

Pour les infrastructures portuaires et maritimes, on peut par ailleurs définir trois niveaux d'exposition (*Tableau 5*).

Niveau d'exposition	Exposition marine
Faible exposition aux sels	Exposé à l'air véhiculant du sel marin, mais pas en contact direct avec l'eau de mer (structures sur ou à proximité d'une côte)
Exposition modérée aux sels	Immergé en permanence (éléments de structures marines)
Forte exposition aux sels	Zones de marnage, zones soumises à des projections ou à des embruns (éléments de structures marines)

Tableau 5 : Niveaux d'exposition aux alcalins (environnement marin) [4].

Pour les autres structures ou infrastructures exposées à des alcalins d'origine autre que marins et sels de déverglaçage (structures exposées à des eaux industrielles, zones de stockage de produits contenant des alcalins, etc.), l'agressivité pourra être appréciée au regard du temps d'exposition à ces produits et de leur concentration en alcalins ou des eaux (*Tableau 6*).

Niveau d'exposition	Exposition
Faible exposition	Contact rare avec des produits contenant des alcalins, concentration faible en alcalins.
Exposition modérée	Contact occasionnel avec des produits contenant des alcalins, concentration modérée en alcalins.
Forte exposition	Contact fréquent avec des produits contenant des alcalins, concentration élevée en alcalins.

Tableau 6 : Niveaux d'exposition aux alcalins (autres environnements) [4].

b) Niveau de vulnérabilité

Le niveau de vulnérabilité caractérise l'inaptitude de la structure à faire face aux aléas. Les paramètres influant sur le niveau de vulnérabilité sont les suivants [4] :
-   la date de construction de la structure,
-   la protection du béton,
-   l'assainissement et l'étanchéité,
-   la fissuration et la qualité du parement,
-   les désordres symptomatiques de réactions de gonflement interne.

Ces paramètres sont détaillés dans la suite de ce paragraphe.

Date de construction

La date de construction de la structure est un paramètre important pour évaluer sa vulnérabilité à l'alcali-réaction. Les cas répertoriés d'alcali-réaction en France sont peu nombreux mais suffisamment importants pour justifier que des précautions soient prises. En 1991, des recommandations provisoires ont été établies pour limiter le risque de désordres liés à cette réaction. Ces recommandations ont été actualisées en 1994 [7]. Depuis la parution des recommandations en 1991, aucun cas d'ouvrage atteint d'alcali-réaction n'a été recensé.

Protection du béton

L'application d'une protection de surface sur le béton peut permettre de limiter la réaction en minimisant la pénétration de l'eau et de l'humidité. L'application d'une protection de type peinture est une solution qui n'a qu'une très faible efficacité pour lutter contre l'alcali- réaction. L'application de produits de type revêtement d'épaisseur plus importante (quelques millimètres) constitue une solution de protection sous réserve que le produit soit suffisamment étanche (y compris à la vapeur d'eau). Cependant, dans certains cas, la présence d'une protection de surface peut piéger l'eau dans le béton et favoriser le développement de l'alcali-réaction.

Assainissement et étanchéité

L'humidité et le taux de saturation du béton jouent un rôle majeur dans le développement de l'alcali-réaction. Le niveau de saturation en eau peut être qualifié de la manière suivante :

- faible saturation en eau (surfaces de béton protégées de la pluie),
- saturation modérée en eau (surfaces verticales de bétons exposées à la pluie),
- forte saturation en eau (surfaces horizontales de bétons exposées à la pluie).

Une structure mal protégée du contact prolongé avec l'eau est plus vulnérable vis-à-vis de l'alcali-réaction. La méthode IQOA et ses catalogues de défauts associés décrivent précisément les défauts pouvant contribuer à cette vulnérabilité (*Tableau 7*) [9].

Dispositifs d'évacuation des eaux sur ouvrages	• colmatage des dispositifs d'évacuation des eaux de ruissellement de la voie portée sur l'ouvrage et ses abords (caniveaux, avaloirs, gargouilles, regards, descentes d'eau sur culées ou talus), • stagnation d'eau sur la voie portée à l'aplomb de l'ouvrage et à ses abords, • dégradation des dispositifs d'évacuation des eaux de ruissellement sur l'ouvrage due à leur usure ou au vandalisme ou à un accident.
Défaut d'étanchéité des joints de chaussée, joints de trottoir et autres joints assurant l'étanchéité de la structure	
Ruissellements sur la structures dus à :	• un disfonctionnement des dispositifs d'évacuation des eaux de ruissellement sur la structure, • un défaut d'étanchéité des joints de chaussée et de trottoirs, • la présence de caillebotis, • l'absence de larmier.
Défauts d'étanchéité du tablier. Diagnostiqués à partir de constatation des désordres qui en sont la conséquence en intrados ou en abouts de la dalle tels que :	• cheminement d'eau de ruissellement à l'extérieur des gargouilles qui traversent la dalle, • suintements au droit de fissures ou de reprises de bétonnage, ou à proximité des joints de chaussée, ou en tout autre endroit où le béton est plus poreux.

Tableau 7 : Défauts des dispositifs d'évacuation d'eau pouvant contribuer à la vulnérabilité des ouvrages [4].

Fissuration du parement

Il peut s'agir d'une fissuration d'origine (retrait, reprise de bétonnage) ou d'une fissuration d'origine mécanique (fissuration transversale d'un tablier due aux sollicitations de flexion par exemple). Il peut s'agir enfin d'une fissuration due au processus de corrosion en phase de propagation ou au processus de gel interne et d'écaillage. Cette fissuration favorise la pénétration de l'eau. Elle a donc un rôle majeur vis-à-vis de la sensibilité de la structure au développement de l'alcali-réaction.

Aspect du parement

Les dégradations ou défauts du béton favorisent la pénétration de l'eau. Ils ont donc un rôle majeur vis-à-vis de la sensibilité de la structure au développement de l'alcali-réaction. La qualité du béton peut être appréciée visuellement dans le cadre d'une inspection. Les éléments suivants doivent donc être pris en compte :

- les défauts d'aspect du parement : nid de cailloux, ségrégation, bullage, mauvaise reprise de bétonnage, etc,

- les dégradations dues à la corrosion (éclats de béton),
- les dégradations dues au gel interne et à l'écaillage,
- Autres dégradations: choc, incendie, abrasion, etc.

Formulation des bétons

Les normes (NF EN 206-1 notamment [10]), règlement (fascicule 65 du CCTG [11]) et guides de recommandations définissent des exigences sur la formule de béton afin que ce dernier ne développe pas d'alcali-réaction. Ces spécifications sont le fruit d'au moins 20 ans d'expérience et de recherches. On peut donc considérer qu'une formule de béton s'écartant de ces spécifications risque d'être plus vulnérable vis-à-vis de l'alcali-réaction.

- Réactivité des granulats

Selon leur sensibilité aux alcalins, les granulats et les sables sont classés en non réactif (NR), potentiellement réactif (PR) ou potentiellement réactif à effet de pessimum (PRP). Ce classement s'appuie sur des critères pétrographiques et sur des résultats d'essais spécifiques précisés dans le fascicule de documentation FD P18-542 [14]. Les bétons formulés avec des granulats PR et PRP sont susceptibles de développer de l'alcali-réaction.

- Critère de performance

Sous réserve que la formule de béton ait satisfait un critère de performance, le béton peut contenir des granulats PR ou PRP sans développer d'alcali-réaction. La méthode consiste à mesurer, par un essai accéléré, l'allongement d'éprouvettes de béton puis à vérifier que leur expansion reste inférieure à un seuil fixé. On parle d'essai de performance [15].

- Nature des additifs

Lorsque des additifs minéraux (fumées de silice, cendres volantes, laitiers) sont utilisées en quantité suffisante et qu'ils sont bien dispersées, ils peuvent améliorer la tenue mécanique des bétons et réduire considérablement les effets de l'alcali-réaction, mais ils ne suppriment pas la réaction [4].

Désordres symptomatiques de la réaction alcali-silice

L'alcali-réaction se traduit par un gonflement hétérogène des diverses parties de la structure. Néanmoins, il n'existe pas de symptôme caractéristique de la présence d'une AR. La plupart des symptômes pouvant relevés d'AR peuvent aussi être causés par d'autres pathologies (gel/dégel, RSI...) [6]. L'observation sur une structure des désordres recensés ci-après ne permet donc d'aboutir qu'à une présomption d'existence d'AR (voir *Annexe 1*).

- Fissuration en réseau et faïençage,
- Fissuration orientée suivant une direction,
- Fissuration orientée suivant deux directions,
- Mouvements et déformations de la structure,
- Rupture d'armatures,
- Coloration des parements,
- Cratères (pop-outs),
- Efflorescences et exsudations de calcite,
- Absence de mousse et de lichen.

D'une manière générale, sous les conditions climatiques régnant en France, le délai pour la manifestation de désordres visibles sur un ouvrage atteint de RGI se situe le plus souvent entre 5 et 10 ans, qu'il s'agisse d'AR ou de RSI.

II.1.2 - Réaction Sulfatique Interne (RSI)

La RSI est définie par la formation différée d'ettringite dans le béton plusieurs mois voire plusieurs années après le durcissement du béton et sans apport de sulfates externes. L'ettringite n'a pu se former lors de l'hydratation du ciment du fait d'un échauffement important du béton plusieurs heures ou plusieurs jours après le coulage du béton [8]. La RSI met en jeu les ions sulfates présents dans la solution interstitielle du béton ainsi que les aluminates du ciment et peut conduire à la formation différée d'ettringite susceptible d'être expansive (*Figure 3*).

Le phénomène peut alors se manifester par l'apparition d'une fissuration multidirectionnelle sur le parement en béton. L'initiation et le développement de la RSI nécessite la conjonction de plusieurs paramètres : l'eau, la température du béton et sa durée de maintien pendant la prise du béton, les teneurs en sulfates et en aluminates et la teneur en alcalins dans le béton.

Photo (a)   **Photo (b)**

(a) : Fines aiguilles d'ettringite primaire.
(b) : Ettringite différée formant un tapis entre la pâte de ciment et un granulat.

Figure 3 : Produits résultants d'une réaction sulfatique interne
(cliché pris au microscope électronique à balayage) [8].

a) Niveau d'aléa

Il traduit l'importance des différents aléas qui agressent l'ouvrage. Les paramètres influant sur le niveau d'aléa sont les suivants [4]:
- l'humidité de l'environnement,
- la température du béton après son coulage ou :
  - la massivité de la structure,
  - le caractère exothermique de la formulation des bétons,
  - les conditions de fabrication et de mise en œuvre du béton.

Ces paramètres sont détaillés dans la suite de ce paragraphe.

Humidité de l'environnement

Comme dans l'AR, les trois classes d'exposition en fonction de l'humidité dans laquelle se trouve le béton sont détaillées dans le *Tableau 2*.

Température du béton après son coulage

La température atteinte par le béton et la durée de son maintien conditionnent le risque de formation différée d'ettringite. Un fort échauffement du béton pendant sa prise et son durcissement est une condition indispensable mais qui n'est pas suffisante au développement ultérieur de la pathologie. Indépendamment des

18

propriétés exothermiques du béton, un certain nombre de dispositions peuvent favoriser ou a contrario réduire les risques de RSI (dispositions particulières pour limiter l'échauffement excessif du béton).

Le béton peut avoir été coulé dans une période favorable de la journée pour minimiser la température du béton frais (coulage en fin de journée ou la nuit). A contrario, un bétonnage en période estivale peut être défavorable. Pour les pièces massives, on notera que la température maximale du béton peut être atteinte 4 à 10 heures après le coulage et se maintenir pendant 20 à 40 heures.

Il convient de noter que la température n'est pas uniforme au sein du béton et que des gradients plus ou moins prononcés (en fonction des conditions d'isolation par le coffrage et l'épaisseur de la pièce) sont présents en périphérie. C'est pourquoi la température maximale qui nous intéresse pour la RSI est celle qui est atteinte au cœur des pièces.

L'expérience a montré qu'une température de 65°C au cœur d'un béton est considérée comme température seuil à partir de laquelle, la réaction sulfatique interne peut s'initier surtout avec le type de liant utilisé. En sus, la forme des courbes d'expansion est similaire aux différentes températures, seule la cinétique du processus est variée (C.Larive 1998). Cependant, la température maximale susceptible d'être atteinte au sein d'un béton doit rester inférieure à 85°C [8]. Dans le cas d'un traitement thermique maitrisé, le dépassement de ce seuil est autorisé jusqu'à 90°C, à condition que la durée pendant laquelle la température dépasse 85°C soit limitée à 4h.

Massivité de la structure

L'élévation de température au sein d'un élément en béton dépend de l'exothermie du béton, de la température initiale du matériau et des déperditions thermiques mais aussi de sa géométrie. L'expérience montre que les structures atteintes de RSI sont essentiellement des structures massives (piles, chevêtres de culées et de piles, embases de pylônes, murs poids, etc.) susceptibles de provoquer des montées en température importantes [4]. A contrario, les pièces élancées et creuses sont moins susceptibles de développer de la RSI. Il convient néanmoins d'être prudent puisque certaines pièces non massives, selon leur géométrie, peuvent également générer une forte élévation de température du béton. La massivité peut donc ne pas être un critère suffisant et c'est pourquoi la notion de « pièce critique » a été définie. Une pièce critique est une pièce en béton pour laquelle la chaleur dégagée n'est que très partiellement évacuée vers l'extérieur et conduit à une élévation importante de la température du béton.

Les déperditions thermiques dépendent en particulier de la nervosité du ciment et de l'épaisseur de la pièce. L'abaque ci-dessous (*Figure 4*) permet d'obtenir le coefficient de réduction R (compris entre 0 et 1) qui permet de prendre en compte ces déperditions, la nervosité du ciment étant exprimée au travers de la chaleur d'hydratation à 41h (Q41) [8]:

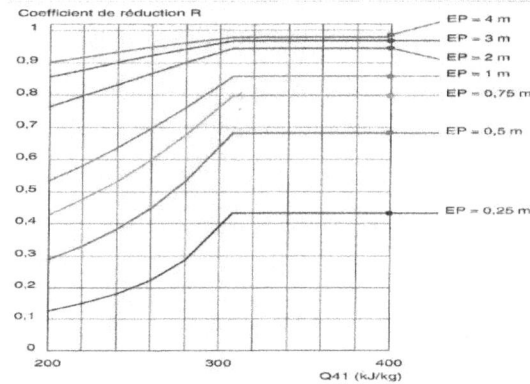

R : coefficient de réduction.
Q41 : chaleur d'hydratation du ciment à 41h.

Figure 4 : Abaque pour l'estimation du coefficient de réduction R lié aux déperditions thermiques [8].

Le coefficient R permet d'estimer l'élévation de température ΔT (en °C) par la formule [8]:

$$\Delta T = R. \Delta T_{adia}$$

Avec :

ΔT_{adia} : l'élévation de température en l'absence de déperditions thermiques.

Si cette valeur de température de béton frais est supérieure à la limite définie (65°C), la pièce est considérée comme critique et seule une étude plus précise peut permettre de justifier que l'échauffement sera acceptable du point de vue des risques de RSI [8]. De plus, si l'épaisseur d'une pièce est inferieure à 0,25 m, la pièce n'est pas critique vis-à-vis des risques de formation d'ettringite différée.

Enfin, des risques de fissurations existent lorsque la différence de température entre le cœur du béton et sa surface est supérieure à 15°C [8].

Caractère exothermique de la formulation des bétons

Un certain nombre de spécifications [8] portant sur la formulation du béton permet de réduire l'élévation de la température du béton dans les heures qui suivent sa mise en œuvre. Ces recommandations portent notamment sur la diminution de l'exothermie du béton :

- l'emploi de ciments courants à faible chaleur d'hydratation (notés LH),
- l'utilisation d'additifs minéraux en substitution du ciment de type CEM I,
- l'utilisation de ciments CEM II (ciments Portland composée), CEM III (ciments de haut fourneau), CEM IV (ciments pouzzolaniques), CEM V (ciments composés) ou CSS (ciments sursulfatés).

A contrario, l'emploi de ciments CEM I fortement exothermiques (CEM I 52,5 R par exemple) à un dosage élevé (> 385kg/m^3 par exemple) favorise l'élévation de la température dans la pièce de béton.

Conditions de fabrication et de mise en œuvre du béton

Des dispositions particulières prises lors de la fabrication du béton permettent de limiter la montée en température du béton et donc les risques de RSI. La température du béton à la mise en œuvre peut être abaissée par différentes méthodes [4]:

- l'utilisation d'eau de gâchage froide ou réfrigérée,
- le refroidissement des granulats (pulvérisation d'eau par exemple),
- la protection des stocks de granulats vis-à-vis de l'ensoleillement,
- la substitution de l'eau de gâchage par de la glace.

Un fractionnement du bétonnage permet d'éviter les montées en température. Ce fractionnement n'est efficace que si un délai d'au moins une semaine est respecté entre les coulages successifs. La mise en place d'un système de refroidissement intégré au béton (serpentins permettant une circulation d'eau froide au sein de la structure) permet de réduire sensiblement l'échauffement du béton. Enfin, l'utilisation de coffrages favorisant les échanges thermiques (coffrages métalliques par exemple) permettent également de limiter la température maximale atteinte au sein de la structure.

Les contraintes de cycles de construction imposant des décoffrages précoces peuvent conduire à l'utilisation de bétons de résistance élevée au jeune âge qui sont généralement très exothermiques. Pour les structures préfabriquées en usine, les cycles de traitement thermiques comportant des températures maximales trop élevées associées à des paliers de maintien en température de trop longue durée favorisent la vulnérabilité du béton vis-à-vis de la RSI.

b) Niveau de vulnérabilité

Il caractérise l'inaptitude de la structure à faire face aux aléas. Les paramètres influant sur le niveau de vulnérabilité sont les suivants [4]:

- la date de construction,
- la protection du béton,
- l'assainissement et l'étanchéité,
- la fissuration et aspect du parement,
- la formulation du béton,
- la présence de désordres symptomatiques de réaction sulfatique interne.

Ces paramètres sont détaillés dans la suite de ce paragraphe.

Date de construction

Les premiers cas de RSI sont apparus à l'étranger à partir de 1987 dans certaines pièces préfabriquées qui avaient été soumises à un traitement thermique inadapté. Des désordres de RSI ont été observés en France à partir de 1997 sur des ponts dont le béton avait été coulé en place. Il s'agit essentiellement de parties d'ouvrages massives (piles, chevêtres sur piles ou culées, embases de pylônes, etc.) en contact avec l'eau ou soumises à une forte humidité. Depuis 2007, les recommandations pour la prévention des désordres dus à la réaction sulfatique interne [8] permettent de réduire l'occurrence de la pathologie.

Comme dans l'AR, les recommandations qui ont été mis en place en termes de protection du béton, assainissement et étanchéité, fissuration et aspect du parement sont détaillées dans les *pages 8* et *9*.

Formulation des bétons

Un certain nombre de spécifications [8] portant sur la formulation du béton permettent d'améliorer la résistance du béton vis-à-vis de la RSI. Ces recommandations visent notamment à réduire les teneurs en sulfates et en aluminates du ciment (ces derniers interviennent directement dans le mécanisme réactionnel pour former l'ettringite) et à réduire la teneur en alcalins du béton (ces derniers favorisent la solubilité de l'ettringite). Les recommandations portent ainsi sur la nature du ciment (type de ciment, teneur en sulfates et en aluminates, etc.), la teneur en alcalins des constituants du béton et la nature des additifs (*Tableau 8*).

Paramètres	Caractéristiques favorables à la prévention de la RSI
Ciments	Ciments ES (NF P15-319)
	Ciments dont la teneur en sulfates (SO_3) est inférieure à 3% et fabriqués à partir d'un clinker dont la teneur en aluminates tricalciques (C_3A) est inférieure à 8%
Additifs (en combinaison avec un ciment CEM I)	Laitiers de haut fourneau moulus (NEF EN15167-1), cendres volantes (NF EN450-1), pouzzolanes naturelles calcinées. La proportion d'addition doit être d'au moins 20%.
Bilan en alcalins équivalents Na_2O_{eq}	< 3 kg/m^3
Critère de performance	La formule de béton satisfait le critère de l'essai de performance

Tableau 8 : Taux des constituants du béton et des additifs recommandés pour différents types de ciments [8].

L'utilisation de laitiers de haut fourneau ou de cendres volantes entraîne une diminution relative de la quantité d'aluminates et améliore la résistance du béton vis-à-vis de la RSI. De même l'utilisation d'additifs en substitution du ciment contribue à réduire la quantité de sulfates dans le béton.

Désordres symptomatiques de la réaction sulfatique interne

Comme pour l'AR, il n'existe pas de symptôme caractéristique de la présence d'une RSI. La plupart des symptômes pouvant relevés de la RSI peuvent aussi être causés par d'autres pathologies (gel/dégel, AR…) [6]. Cependant, il semble que la RSI puisse conduire à des désordres d'une ampleur plus élevée que l'AR. L'observation sur une structure des désordres recensés (voir *page 16*) ne permet donc d'aboutir qu'à une présomption d'existence d'une RSI (voir *Annexe 1*).

En sus, si l'ouvrage a plus de 10 ans, que son exposition à l'eau (efficacité de l'assainissement, etc.) n'évolue pas et qu'il ne présente aucun désordre suspect, la probabilité est faible qu'il développe à terme une RSI [8].

II.2 – Expansion des bétons

Le comportement d'un béton qui gonfle peut être scindé en deux phases principales :

- une phase de latence pendant laquelle le gonflement apparaît progressivement et croît après l'apparition de la fissuration du béton,
- une phase avec une décroissance exponentielle où les conséquences de la

formation des produits gonflants diminuent en raison de l'augmentation de l'espace poreux qui se produit pendant le développement des déformations et aussi en raison de l'endommagement du béton ; à la fin de cette phase, les réactions chimiques ne sont pas nécessairement terminées (certains résultats de la littérature indiquent un accroissement lent des déformations sur long terme), mais l'espace disponible pour réceptionner les produits gonflants ne permet pas à ces derniers de créer une expansion significative du matériau.

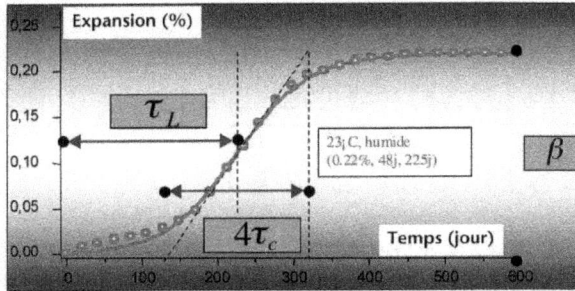

Figure 5 : Evolution du gonflement libre d'un béton (expansion observée en laboratoire) [7].

Le gonflement en fonction du temps suit une courbe sigmoïde (*Figure 5*). Au début de la courbe, la réaction chimique s'initie sans créer de gonflement car il est nécessaire que les produits gonflants remplissent d'abord la porosité du béton. Ensuite, les produits formés gonflent en absorbant plus ou moins d'eau et induisent une expansion du matériau parce qu'ils ne trouvent pas suffisamment de place pour se nicher. Alors, le béton se fissure et crée des vases d'expansion pour les produits de réaction qui continuent à se former. Vers la fin, il est probable que le volume de fissures et de vides formés est plus grand que le volume des produits gonflants générés dont la quantité est limitée par les réactifs (alcalins, silice,…) initialement présents, ce qui explique le ralentissement de l'expansion.

II.3 - Analyse préliminaire

II.3.1 - Principes de l'analyse préliminaire

Les paramètres présentés ci-dessus sont relativement précis, détaillés et nombreux. Un certain nombre d'entre eux ne sont d'ailleurs pas disponibles ni connus par le gestionnaire. Comme la démarche se veut progressive, la première étape consiste donc à effectuer une analyse de risques simplifiée appelée « analyse préliminaire ».

Elle est menée à partir d'un nombre limité d'informations [4]. Seules les informations considérées comme indispensables sont utilisées. La plupart d'entres elles sont accessibles à partir de sources documentaires (dossier d'ouvrage) ou d'un questionnement auprès du gestionnaire. Un nombre réduit d'entres elles peuvent être obtenues à partir de rapports d'inspection ou de diagnostic. Préalablement à l'établissement de l'analyse préliminaire, il est recommandé d'effectuer une visite rapide de reconnaissance des structures afin de mieux appréhender leur environnement et leur aspect général.

A l'issue de l'analyse préliminaire, le gestionnaire doit pouvoir disposer d'une cartographie des risques (ou criticité) vis-à-vis de l'AR et de la RSI par partie d'ouvrage (ou zone significative) et ce pour l'ensemble du lot d'ouvrages concernés [4]. Il doit être en mesure d'identifier les ouvrages (ou parties d'ouvrage) à risque (ou critiques) sur lesquels il devra programmer en priorité des actions d'inspection ou de diagnostic. A l'appui de la cartographie des risques (ou criticité), les modes de défaillance privilégiés sont identifiés et les investigations pertinentes et appropriées peuvent être définies.

Il est à noter que l'application de cette méthode prend tout son sens lorsqu'elle est appliquée sur des structures ne présentant pas encore de désordres importants et pour lesquelles il est possible de prendre des mesures préventives.

II.3.2 – Mise au point de la méthode

II.3.2.1 - Evaluation du niveau d'aléa

L'analyse préliminaire nécessite un nombre limité d'informations reconnues comme étant essentielles.

Selon l'impact négatif ou positif qu'ils ont sur l'aléa, les critères CA_j sont évalués à l'aide d'une «cotation» a_j définies «à dire d'expert», et selon leur importance à initier et/ou à développer une réaction de gonflement, les critères CA_j sont multipliés par des coefficients p_j dit « poids ». La somme des cotations a_j que multiplie le poids p_j permet alors d'évaluer l'aléa A_{MDi} [4].

$$A_{MDi} = \sum a_j (CA_j) \cdot p_j$$

En fonction de cette valeur, le niveau d'aléa est qualifié de faible, moyen ou élevé. Le choix de trois niveaux d'aléa est cohérent avec le niveau de détail de l'analyse préliminaire (*Figure 6*).

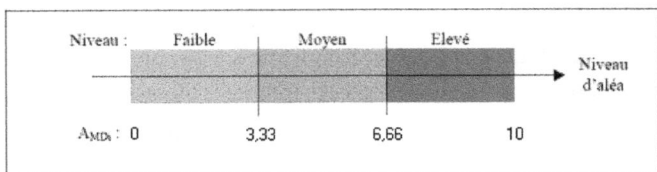

Figure 6 : Graduation du niveau d'aléa [4].

II.3.2.2 - Evaluation du niveau de vulnérabilité

Selon l'impact négatif ou positif qu'ils ont sur la vulnérabilité, les critères CV_j sont évalués à l'aide d'une «cotation» v_j définies «à dire d'expert», et selon leur importance à initier et/ou à développer une réaction de gonflement, les critères CV_j sont multipliés par des coefficients p_j dit « poids ». La somme des cotations v_j que multiplie le poids p_j permet alors d'évaluer la vulnérabilité V_{MDi} [4].

$$V_{MDi} = \sum v_j (CV_j) \cdot p_j$$

En fonction de cette valeur, le niveau de vulnérabilité est qualifié de faible, moyen ou élevé. Le choix de trois niveaux de vulnérabilité est cohérent avec le niveau de détail de l'analyse préliminaire (*Figure 7*).

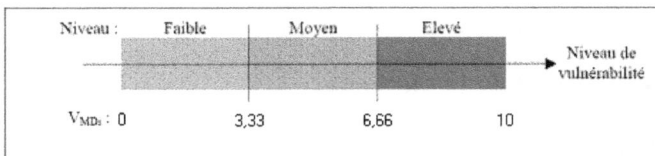

Figure 7 : Graduation du niveau de vulnérabilité [4].

II.3.2.3 - Evaluation de la criticité

Pour chaque mode de défaillance, la criticité est évaluée par le croisement du niveau d'aléa et du niveau de vulnérabilité via une matrice de criticité [4]. Il s'agit d'une matrice de trois lignes et trois colonnes tel que illustrée dans le *Tableau 9 :*

Criticité		Niveau d'aléa		
		Faible	Moyen	Elevé
Niveau de vulnérabilité	Faible	Faible	Faible	Moyenne
	Moyen	Faible	Moyenne	Elevée
	Elevé	Moyenne	Elevée	Elevée

Tableau 9 : Matrice de criticité [4].

Pour un lot de plusieurs ouvrages, la donnée de la criticité pour chacun des ouvrages permet d'établir un plan de surveillance par niveau de criticité. Les structures présentant une criticité faible relèvent de la surveillance normale. Les structures présentant une criticité élevée pour un mode de défaillance donné devront faire l'objet d'une analyse plus poussée du dossier d'ouvrage afin d'affiner et d'actualiser l'analyse préliminaire. Enfin, les ouvrages présentant une criticité moyenne peuvent être l'objet d'une analyse approfondie si le gestionnaire est en mesure sur le plan budgétaire.

A l'issue de l'actualisation de l'analyse préliminaire, si la criticité est élevée, la structure fera l'objet d'une attention particulière à l'occasion de la prochaine action de surveillance : évaluation visuelle simplifiée ciblée sur les symptômes relatifs au mode de défaillance concerné. Si la criticité est modérée, la structure peut relever de la surveillance normale.

II.3.2.4 - Evaluation visuelle simplifiée

L'évaluation visuelle simplifiée, réalisée dans le cadre de l'analyse préliminaire, est enclenchée lorsque la criticité élevée (pour un mode de défaillance MDi) est confirmée à l'issue de l'analyse approfondie du dossier d'ouvrage. Elle est utilisée pour actualiser l'analyse préliminaire et programmer, si nécessaire, des actions de diagnostic. Cette visite, de courte durée et sans moyens d'accès spécifiques, a pour objet d'évaluer qualitativement :

- les critères (visibles) influant le niveau d'aléa et de vulnérabilité,
- les manifestations de dégradations dues au mode de défaillance MDi.

Les manifestations de dégradations sont spécifiques aux modes de défaillance. D'une manière générale, au regard du niveau de précision attendu dans le cadre de l'analyse préliminaire, la conduite de la visite pourra s'appuyer par défaut sur la procédure IQOA.

III – ELABORATION ET APPLICATION DE L'ANALYSE PRELIMINAIRE

III.1 - Contexte et objectifs

L'objectif de ce paragraphe est d'identifier, pour les modes de défaillance MD3 (AR) et MD4 (RSI), les paramètres permettant d'évaluer le niveau d'aléa A_{MDi} et le niveau de vulnérabilité V_{MDi}. La plupart des paramètres identifiés ci-après, sont des données descriptives, réglementaires, normatives ou issues de mesures couramment utilisées dans le domaine des structures en béton armé.

Le présent travail est une application de l'analyse de risques simplifiée (analyse préliminaire) sur les chevêtres des ouvrages (passages supérieurs à dalle précontrainte) franchissant l'autoroute A71 afin de les hiérarchiser vis-à-vis des risques de formation de produits gonflants dus à l'AR ou/et à la RSI et étudier leur sensibilité aux différents paramètres pouvant influencer cette hiérarchisation, en se basant sur un nombre limité d'informations, considérées comme indispensables, recueillies dans les dossiers de ces ouvrages et à partir de questionnement auprès des inspecteurs.

III.2 - Méthodologie

III.2.1 - Proposition d'une fiche « type » de notation :

Dans un premier temps, l'analyse a consisté à évaluer tous les critères sur une échelle de 10 points, ce qui laisse suffisamment de points à répartir sur les sous-critères qui leur sont liés et mettre en équilibre les notations des paramètres de l'aléa et ceux de la vulnérabilité. L'importance de chaque critère favorisant une réaction de gonflement sera prise en considération ultérieurement.

En se basant sur les connaissances acquises de la littérature sur les mécanismes des réactions de gonflement du béton (AR et RSI) et leurs moteurs prépondérants, une fiche « type » de notation a été élaborée en essayant d'attribuer la note « exacte » à chaque sous-critère, en adoptant un esprit d'expert, selon son rôle à initier ou à développer une réaction de gonflement.

Sur ce, deux fiches « type » de notation ont été proposées pour évaluer le niveau d'aléa et de vulnérabilité de parties d'ouvrages vis-à-vis de l'alcali-réaction et la réaction sulfatique interne qui sont détaillées dans les *Tableaux 10, 11,12 et 13*.

III.2.1.1 - Cas de l'alcali-réaction (AR) :

a) Niveau d'aléa (A_{MDi})

Critères d'évaluation	Notation
CA1 : Humidité de l'environnement	
Sec ou humidité modérée	0,0
Alternance humidité/séchage, humidité élevée	6,0
Contact durable avec l'eau	10,0
CA2 : Exposition aux alcalins d'origine interne (au béton)	
Le type de ciment est connu	
* CPA (CEMI), CPJ(CEMII) ou CLC (CEMV)	
Le bilan en alcalins équivalent Na_2O_{eq} (kg/m^3):	
Na2Oeq (kg/m3) < 3	0,0
Na2Oeq (kg/m3) ≥ 3	10,0
* CHF (CEMIII/B)	
Si Oui, le ciment contient-il plus de 60% de laitier ? : Oui	3,0
Sinon	6,0
Le % en alcalins totaux du ciment (en % poids de ciment) est < à 1,1%	0,0
Sinon	3,0
* CLK (CEMIII/C)	
Si Oui, le ciment contient-il plus de 80% de laitier ? Oui	1,0
Sinon	3,0
Le % en alcalins totaux du ciment (en % poids de ciment) est < à 2%	0,0
Sinon	1,0
CA3 : Exposition aux alcalins d'origine externe	
Exposition faible	0,0
Exposition modérée	5,0
Exposition forte	10,0

Tableau 10 : Fiche « type » évaluant le niveau d'aléa vis-à-vis de l'AR.

b) Niveau de vulnérabilité (V_{MDi}) :

Critères d'évaluation	Notation
CV1 : Date de construction de la structure	
D ≤ 1994	10,0
D > 1994	0,0
CV2 : Protection du béton contre l'humidité	
Présence d'une protection de surface (peinture, revêtement) :	
Oui	0,0
Non	1,0
Endommagée	2,0
Assainissement et étanchéité :	
Défaillance des dispositifs d'évacuation des eaux sur la structure	1,0
Non	0,0

Défaut des joints assurant l'étanchéité de la structure	1,0
Non	0,0
Ruissellements sur la structure	1,0
Non	0,0
Défaillance de l'étanchéité du tablier	1,0
Non	0,0
Caractéristiques du parement :	
Fissuration du parement :	
* Fissures isolées de faibles ouvertures (<0,1mm)	0,5
* Fissures isolées d'ouvertures importantes (>0,1mm)	1,0
* Réseau de fissures de faibles ouvertures	1,5
* Réseau de fissures d'ouvertures importantes	2,0
Aspect du parement :	
* Défauts localisés de faible intensité	0,5
* Défauts localisés d'intensité importante	1,0
* Défauts étendus de faible intensité	1,5
* Défauts étendus d'intensité importante	2,0
CV3 : Formulation du béton	
Réactivité des granulats :	
NR	0,0
PRP	3,0
PR	6,0
Nature du ciment et des additions :	
Utilisation d'additions en combinaison avec un ciment	
Le type de ciment utilisé	
CEMIII	2,0
Utilisation d'additions en combinaison avec un CEMI	4,0
CV4 : Désordres symptomatiques d'alcali-réaction	
Désordres faibles	0,0
Désordres modérés	5,0
Désordres avancés	10,0

Tableau 11 : Fiche « type » évaluant le niveau de vulnérabilité vis-à-vis de l'AR.

III.2.1.2 - Cas de la réaction sulfatique interne (RSI) :

a) Niveau d'aléa (A_{MDi}) :

Critères d'évaluation	Notation
CA1 : Humidité de l'environnement	
Sec ou humidité modérée	0,0
Alternance humidité/séchage, humidité élevée	6,0
Contact durable avec l'eau	10,0
CA2 : Température du béton après son coulage	
La température maximale atteinte dans la pièce de béton est connue	
T < 65°C	0,0
65°C ≤ T < 75°C	3,0
75°C ≤ T < 85°C	6,0

85°C ≤ T	10,0
Sinon, compléter les critères suivants :	
Massivité de la structure :	
Structure massive ou critique vis-à-vis de l'échauffement du béton	
ép ≤ 0,25 m	0,0
0,25 m < ép ≤ 0,5 m	3,0
0,5 m < ép ≤ 1m	4,0
1 m < ép ≤ 4 m	5,0
ép > 4 m	6,0
Caractère exothermique de la formule de béton :	
Le type de ciment est connu	
Si oui compléter les critères suivants :	
Utilisation d'un ciment à faible chaleur d'hydratation (LH)	1,0
Non	0,0
Si utilisation de CEMI :	
* préciser le dosage (kg/m3)	1,0
* Utilisation d'additions en combinaison avec le CEMI	0,0
Non	0,5
* Utilisation des ciments ayants des résistances élevées	0,5
Non	0,0
Conditions de fabrication et de mise en œuvre :	
Dispositions prises pour limiter la montée en température du béton	0,0
Non	0,2
Bétonnage en période favorable	0,0
Non	0,2
Fractionnement du bétonnage	0,0
Non	0,2
Utilisation d'un système de refroidissement intégré	0,0
Non	0,2
Utilisation de coffrages favorisant les échanges thermiques	0,0
Non	0,2

Tableau 12 : Fiche « type » évaluant le niveau d'aléa vis-à-vis de la RSI.

b) Niveau de vulnérabilité (V_{MDi}) :

Critères d'évaluation	Notation
CV1 : Date de construction de la structure	
D ≤ 2007	10,0
D > 2007	4,0
CV2 : Protection du béton contre l'humidité	
Présence d'une protection de surface (peinture, revêtement)	
Oui	0,0
Non	1,0
Endommagée	2,0
Assainissement et étanchéité	

Défaillance des dispositifs d'évacuation des eaux sur la structure	1,0
Non	0,0
Défaut des joints assurant l'étanchéité de la structure	1,0
Non	0,0
Ruissellements sur la structure	1,0
Non	0,0
Défaillance de l'étanchéité du tablier	1,0
Non	0,0
Caractéristiques du parement	
Fissuration du parement :	
* Fissures isolées de faibles ouvertures (<0,1mm)	0,5
* Fissures isolées d'ouvertures importantes (>0,1mm)	1,0
* Réseau de fissures de faibles ouvertures	1,5
* Réseau de fissures d'ouvertures importantes	2,0
Aspect du parement :	
* Défauts localisés de faible intensité	0,5
* Défauts localisés d'intensité importante	1,0
* Défauts étendus de faible intensité	1,5
* Défauts étendus d'intensité importante	2,0
CV3 : Formulation du béton	
Bilan en alcalins équivalents Na_2O_{eq} (kg/m3):	
Na2Oeq (kg/m3) < 3	0,0
Na2Oeq (kg/m3) ≥ 3	6,0
Le type de ciment est connu	
Si oui compléter les critères suivants :	
Ciment ES	
CEMII/B-V, CEMII/B-S, CEMII/B-Q, CEMII/B-M(S-V), CEMIII/A, CEMV, CSS	2,0
Utilisation d'additions en combinaison avec un CEMI	4,0
CV4 : Désordres symptomatiques de RSI	
Désordres faibles	0,0
Désordres modérés	5,0
Désordres avancés	10,0

Tableau 13 : Fiche « type » évaluant le niveau de vulnérabilité vis-à-vis de la RSI.

III.2.2 – Introduction du poids sur chaque critère

Dans cette partie, on a introduit l'importance de chaque critère moteur d'une réaction de gonflement interne, en se basant sur les recommandations antérieurement illustrées en matière de prévention des désordres dus aux réactions de gonflement interne (voir *Chapitre II.1.1 et II.1.2*) et sur le retour des expériences rencontrés par les experts. Un système « type » de poids a été mis en place pour différencier l'impact de chaque critère sur le niveau d'aléa et le niveau de vulnérabilité.

Le système de poids proposé est détaillé dans les *Tableaux 14, 15, 16 et 17* :

III.2.2.1 - Cas de l'alcali-réaction

Critères d'évaluation	Poids
CA1 : Humidité de l'environnement	2
CA2 : Exposition aux alcalins d'origine interne	3
CA3 : Exposition aux alcalins d'origine externe	2

Tableau 14 : Poids associés aux critères d'évaluation d'aléa vis-à-vis de l'AR.

Critères d'évaluation	Poids
CV1 : Date de construction	2
CV2 : Protection du béton contre l'humidité	1
CV3 : Formulation du béton	3
CV4 : Désordres symptomatiques d'AR	2

Tableau 15 : Poids associés aux critères d'évaluation de vulnérabilité vis-à-vis de l'AR.

III.2.2.2 - Cas de la RSI

Critères d'évaluation	Poids
CA1 : Humidité de l'environnement	2
CA2 : Température du béton après son coulage	3

Tableau 16 : Poids associés aux critères d'évaluation d'aléa vis-à-vis de la RSI.

Critères d'évaluation	Poids
CV1 : Date de construction	2
CV2 : Protection du béton contre l'humidité	1
CV3 : Formulation du béton	3
CV4 : Désordres symptomatiques de RSI	2

Tableau 17 : Poids associés aux critères d'évaluation de vulnérabilité vis-à-vis de la RSI.

III.2.3 - Scénarios supposés :

Au début de l'étude, une note maximale était attribuée, par précaution, en cas de manque d'information sur un critère donné. Ce type d'approche peut cependant surestimer le niveau d'aléa ou de vulnérabilité vis-à-vis d'un phénomène de gonflement, ce qui se répercute bien évidement sur la criticité de l'ouvrage, notamment lorsqu'il s'agit d'un critère prépondérant tel que la teneur en alcalins équivalent. L'inconvénient étant d'induire en erreur le gestionnaire des ouvrages qui, pour un ouvrage sain mais ayant une criticité élevée, va mettre en œuvre une analyse approfondie, fastidieuse et onéreuse, pour se rendre finalement compte que l'ouvrage est sain. Pour éviter cela, on s'est proposé de prendre en compte trois cas possibles (pessimiste, neutre et optimiste) et d'étudier l'impact du poids donné au manque d'information sur la criticité des chevêtres vis-à-vis d'une réaction de gonflement (AR ou RSI), d'où les scenarios « optimiste », « neutre » et « pessimiste » (voir *Annexe 2*).

En effet, le scénario « optimiste » attribue une note nulle à chaque critère ou sous-critère manquant d'informations, le scénario « neutre » attribue la moitié de la note à chaque critère ou sous-critère manquant d'informations et le scénario « pessimiste » attribue la note maximale à chaque critère ou sous-critère manquant d'informations.

III.3 – Recueil des informations

Notre étude se rapporte spécifiquement aux chevêtres des culées 1 et 4 des ouvrages (passages supérieurs à dalle précontrainte) franchissant l'autoroute A71. Il s'agit, à partir du dossier des ouvrages, de recueillir et d'analyser toutes les informations utiles pouvant être reliées avec les réactions pathologiques du béton.

Les documents qui ont été mis à notre disposition sont cités ci-après :

- dossier de récolement : ouvrages d'art, contrôle des bétons et chapes d'étanchéité,
- dossier de récolement des bétons des OA : contrôle des bétons,
- dossier de récolement : compte rendus des réunions de chantiers,
- dossier de récolement : contrôle des bétons et chapes d'étanchéité,
- dossier de récolement : correspondances diverses (affectation des taches, approvisionnements, qualité),
- étude des formules de béton E400, Q400 et Q350,
- synthèse des rapports CEBTP E613.4.056 et RCF3.7.005 : Evaluation du risque de réaction sulfatique interne dans les passages supérieurs de l'A71,
- diagnostic, réparation et suivi des ouvrages de l'A71.

D'une manière générale, les informations nécessaires pour l'établissement d'une analyse préliminaire doivent être relevées de :

- l'environnement : exposition à l'humidité ou aux sels de déverglaçage, présence de sols et eaux agressifs, état des dispositifs de drainage, températures moyennes et extrêmes,

- l'historique de la construction,
- méthodes et conditions de fabrications : période de bétonnage, géométrie d'ouvrages ou parties d'ouvrages mis à l'étude…
- la composition des bétons : nature et dosage en ciment notamment sa teneur en alcalins, sa proportion d'aluminates, de sulfates, son exothermie, provenance et nature des granulats (analyse effectuée).

Cependant, ces informations ne sont pas tous toujours disponibles en raisons de la non clarté des documents, de leur pertes ou simplement de leur indisponibilité, notamment lorsqu'il s'agit d'un ouvrage très ancien.

III.3.1 - Environnement des ouvrages

Les ouvrages mis à l'étude se situent entre St-Amand-Montrond et Vallon-en-Sully, où l'humidité relative du climat régnant dans la région est élevée.

Il est à noter que le PS623 a été utilisé pour le demi-tour des circuits de salage de l'A71 en viabilité hivernale, contrairement au PS645, qui ne subit pas, à priori, d'exposition aux sels.

III.3.2 - Formule de béton mis en place

La formule théorique du béton référencé Q400 relative aux chevêtres des ouvrages de l'autoroute A71 a les compositions indiquées dans le *Tableau 18*:

Composants	Quantités
Ciment CPA 55 R	400 Kg/m^3
Sable 0/4 du Cher	733 Kg/m^3
Gravillons 6/10	Pas d'information
Gravillons 10/20	1076 Kg/m^3
Filler calcaire 0/0.1	80 Kg/m^3
Eau	200 litres

Tableau 18 : Composants du béton mis en place.

a) Les ciments

Pour les ciments utilisés, il est mentionné dans le dossier de récolement des ouvrages (Document 5.01.04 réf 89/LB/CV/JC) que le ciment utilisé initialement est le CPA 55 R « B » qui a été remplacé à partir du 23 janvier 1989 par le ciment CPA 55 R « A » suite à une avarie de matériel à l'usine de production.

Les caractéristiques physicochimiques et thermiques des ciments fournies par le producteur sont les suivantes :

- **CPA 55 R « B »**

Constituants du Clinker	% massique (valeurs moyennes)
C_3S	10,5
C_2S	61,5
C_3A	12,9
C_4AF	15,1
Teneur en Na_2O_{eq}	0,75

Tableau 19 : Pourcentage massique des constituants du ciment B.

Les teneurs massique en alcalins de béton des chevêtres correspondent à des dosages compris entre 4,2 et 5 kg/m³ de béton. Ces teneurs en alcalins correspondent aux teneurs en alcalins totaux. Toutefois, pour des ciments CPA 55 R, celles- ci correspondent aux teneurs en alcalins actifs. Ces teneurs en alcalins sont assez élevées, ce qui peut favoriser la manifestation des réactions de gonflement.

La valeur moyenne de la teneur en C_3A fournie par le cimentier pour des contrôles effectués entre janvier 1988 et décembre 1989 est de l'ordre de 10 %.

- **CPA 55 R « A »**

Les données du ciment « A » ne sont pas disponibles. Toutefois, nous disposons des valeurs de chaleur d'hydratation du ciment à différents âges (rapport SIGMA BETON du 3/12/1986), ce qui nous permet de déterminer la valeur d'élévation de température ΔT.

La valeur de la chaleur d'hydratation qui sera utilisée dans les calculs d'élévation de température est de 320 J/g, valeur qui correspond au maximum de chaleur dégagée qui serait à l'origine de l'élévation de température du béton dans les premiers jours.

b) Les granulats

Les différents granulats qui ont été utilisés à la fabrication du béton Q400 sont les suivants :

- le 10/20 : gravillon concassé. Il s'agit d'une diorite (coefficient Los Angelès : 11),
- le 6/10 : même origine que le 10/20,
- le 0/4 est un sable roulé du Cher (équivalent de sable moyen : 80),

- Filler 0/0,1 : MEAC – filler calcaire afin d'augmenter la résistance du béton par diminution de sa porosité, diminuer le dosage en ciment pour une résistance donnée, augmenter la cohésion,..).

En dehors de ces informations, rien n'a été évoqué concernant la réactivité de ces granulats.

c) Les adjuvants

L'adjuvant qui a été employé lors de la fabrication du béton est le POZZOLITH 391 N (Société TTB), un plastifiant utilisé pour réduire les quantités d'eau de gâchage, dosé respectivement à 0,3 et 0,28% du poids du ciment.

d) Evaluation de température du béton Q400 de « B » et « A »

A partir des données relatives à la composition des bétons (ciment et granulats) et des données de la littérature relatives aux capacités calorifiques des constituants des bétons ainsi que les données des producteurs des ciments, on peut calculer l'élévation de la température ΔT (°C) en conditions adiabatiques (cas des chevêtres à base de la formule Q400) avec le modèle linéaire issu des travaux de Jolicœur en 1994.

L'élévation de la température du béton est le rapport de la chaleur dégagée Q par la capacité thermique du béton C_{th} :

$$\Delta T \ (°C) = Q/\, C_{th}$$

A partir de la composition du béton, il est possible de calculer sa capacité thermique en utilisant le modèle linéaire proposé par Jolicoeur :

$$C_{th} = M_c C_c^{th} + M_s C_s^{th} + M_g C_g^{th} + M_e C_e^{th} - M_{eliée}(C_e^{th} - C_{eliée}^{th})$$

La chaleur dégagée ΔQ peut être calculée à partir de la relation :

$$\Delta Q = (510x_{C_3S} + 260x_{C_2S} + 1100x_{C_3A} + 410x_{C_4AF})H_c C / 100$$

Avec :

$$H_c = 1 - e^{(-3,38E/C)}$$

Les élévations de température calculées pour le béton Q400 en adoptant les hypothèses d'utilisation des ciments « B » et « A » sont résumées dans le *Tableau 20* :

	CPA 55 R « B » en utilisant ΔQ calculée	CPA 55 R « B » en utilisant ΔQ mesurée (donnée cimentier)	CPA 55 R « A » en utilisant ΔQ mesurée (donnée cimentier)
ΔT (°C)	73	60	55

Tableau 20 : Elévations de température des bétons des culées.

Les calculs montrent que le ciment CPA 55 R « A » est moins exothermique que le ciment « B ».

La valeur estimée au cœur de la pièce est la somme de la température du béton au moment du coulage et l'élévation de température de la pièce ΔT.

III.3.3 - Température et dates de coulage

Les environnements des ouvrages sont identifiés par les températures moyennes et maximales des dates de coulage (ces données ont été recueillies auprès de Météo France). Cependant, les températures moyennes ne sont pas représentatives des températures de coulage car celui-ci a lieu généralement entre 6 h et 18 h et il faut donc considérer la température maximale.

Le *Tableau 21* regroupe les températures des jours de coulage des différentes pièces et le type de liant qui leur correspond.

N° Ouvrage	Référence du chevêtre	Date de coulage	Type ciment utilisé	T (°C) moyenne du jour du coulage	T (°C) maxi du jour du coulage
PS 355	355-CC1	07/02/1989	B	7,0	16,0
	355-CC4	09/02/1989	A	7,3	16,5
PS 384	384-CC1	10/04/1989	A	11,0	14,6
	384-CC4	12/04/1989	A	10,0	13,4
PS 395	395-CC1	15/02/1989	A	5,6	13,0
	395-CC4	27/01/1989	A	4,2	12,3
PS 405	405-CC1	09/05/1989	A	16,1	24,7
	405-CC4	12/05/1989	A	13,6	16,8
PS 419	419-CC4	22/05/1989	A	20,7	27,4
PS 422	422-CC1	17/04/1989	A	11,2	15,2
	422-CC4	19/04/1989	A	10,4	14,5
PS 434	434-CC1	30/03/1989	A	16,0	25,0
	434-CC4	05/04/1989	A	6,0	7,5
PS 443	443-CC1	/	/	/	/
	443-CC4	/	/	/	/
PS 467	467-CC4	01/12/1988	B	8,8	12,0
PS 503	503-CC1	26/08/1988	B	17,7	22,9
	503-CC4	31/08/1988	B	17,5	26,0
PS 515	515-CC1	14/03/1989	A	6,2	13,4
	515-CC4	16/03/1989	A	12,5	15,0
PS 531	531-CC1	04/10/1988	B	14,4	22,6

	531-CC4	10/10/1988	B		13,0	14,8
PS 559	559-CC1	16/01/1989	/		2,8	4,7
	559-CC4	18/01/1989	/		2,0	5,0
PS 586	586-CC1	08/09/1988	B		20,6	30,2
	586-CC4	06/09/1988	B		22,0	30,1
PS 599	599-CC1	22/08/1988	B		15,3	17,8
	599-CC4	18/08/1988	B		23,2	31,8
PS 611	611-CC1	18/10/1988	B		19,9	21,4
	611-CC4	28/09/1988	B	17,6	25,5
PS 617	617-CC1	15/09/1988	B		12,4	16,0
	617-CC4	20/09/1988	B		15,7	24,0
PS 623	623-CC1	12/08/1988	B		21,9	27,2
	623-CC4	10/08/1988	B		22,3	31,6
PS 645	645-CC1	05/08/1988	B		17,8	25,4
	645-CC4	03/08/1988	B		19,4	23,0
PS 666	666-CC1	11/07/1988	B		/	/
	666-CC4	13/07/1988	B		/	/
PS 683	683-CC1	07/06/1988	B		11,8	15,1
	683-CC4	09/06/1988	B		16,2	25,2

PS : passage supérieur à dalle précontrainte.
CC : Chevêtre sur culée.

Tableau 21 : Liste des ouvrages, types de ciment utilisés, dates et températures de leur coulage.

Tous les chevêtres ont été coulés entre juin 1988 et mai 1989 en différentes périodes de l'année. Hormis les chevêtres de l'ouvrage 443 ont à priori été bétonnés entre novembre 1988 et février 1989. Si la température du jour de coulage d'un béton est 20°C, la température atteinte dans ce dernier est nettement supérieure à 65°C, température seuil à partir de laquelle la RSI peut s'initier, que se soit avec un liant type « B » ou « A ».

III.3.4 - Autres informations

Des photos des chevêtres ont été prises par les inspecteurs de différents angles permettant d'avoir plus de détails sur l'état réel des chevêtres et ses équipements, d'ailleurs, elles montrent clairement que les chevêtres n'ont pas été protégés par une peinture ou un revêtement spécifique (voir *Annexe 3*). En sus, on a pu extraire toutes les informations liées à l'assainissement et l'étanchéité, l'aspect du parement et les désordres résultants des réactions de gonflement de béton.

III.4 – Présentation et interprétation des résultats

Les résultats de l'analyse préliminaire appliquée aux chevêtres de l'A71 pour les modes de défaillance MD3 et MD4 qui correspondent respectivement à l'AR et la

RSI sont regroupés et commentés ci-après :

III.4.1 – Cas de l'alcali-réaction

a) Scénario « optimiste »

Il n'y a pas d'information particulière sur la quantité de salage pour l'ensemble des ouvrages, hormis pour le PS623, qui a été utilisé pour effectuer le demi-tour des circuits de salage de l'A71, et pour lequel la quantité de sels de déverglaçage utilisée est jugée faible. Dans ce scénario, où le manque d'information n'est pas associé à une pénalisation de la note d'aléa, tous les chevêtres ont alors le même niveau d'aléa sachant qu'ils ont été tous coulés par un béton contenant un ciment CPA 55 R (*Figure 8*).

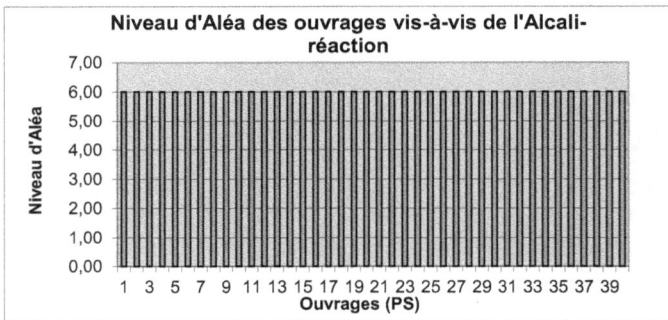

Figure 8 : Histogramme du niveau optimiste d'aléa des chevêtres vis-à-vis de l'AR.

Concernant le niveau de vulnérabilité, on a soulevé des différences assez importantes entre les chevêtres, et cela revient d'une part à l'absence ou à la défaillance des dispositifs d'assainissement de certains chevêtres et de l'autre part à la diversité d'états de désordres des parements des chevêtres. Ces constats ont été faits sur les chevêtres des ouvrages PS617-CC4, PS666- CC1/CC4 et PS683-CC4 (*Figure 9*).

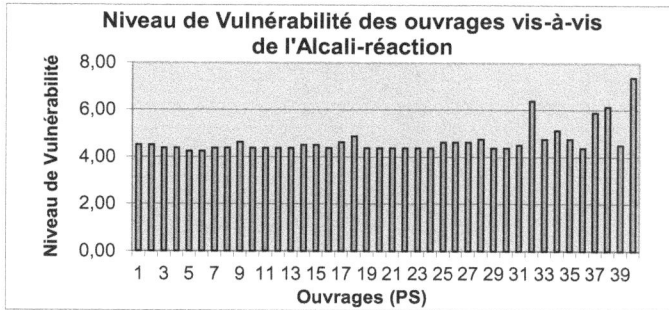

Figure 9 : Histogramme du niveau optimiste de vulnérabilité des chevêtres vis-à-vis de l'AR.

La combinaison des niveaux d'aléa et de vulnérabilité des chevêtres nous a donné les indices de criticité vis-à-vis de l'AR regroupés dans le *Tableau 22* :

Ouvrages	Aléas chevêtres (notes non pondérées)	Aléas chevêtres (notes pondérées)	Niveau d'Aléa	Vulnérabilité chevêtres (notes non pondérées)	Vulnérabilité chevêtres (notes pondérées)	Niveau de Vulnérabilité	Indice de Criticité
PS 355-CC1	16,00	6,00	Moyen	18,00	4,50	Moyen	Moyen
PS 355-CC4	16,00	6,00	Moyen	18,00	4,50	Moyen	Moyen
PS 384-CC1	16,00	6,00	Moyen	17,00	4,38	Moyen	Moyen
PS 384-CC4	16,00	6,00	Moyen	17,00	4,38	Moyen	Moyen
PS 395-CC1	16,00	6,00	Moyen	16,00	4,25	Moyen	Moyen
PS 395-CC4	16,00	6,00	Moyen	16,00	4,25	Moyen	Moyen
PS 405-CC1	16,00	6,00	Moyen	17,00	4,38	Moyen	Moyen
PS 405-CC4	16,00	6,00	Moyen	17,00	4,38	Moyen	Moyen
PS 419-CC4	16,00	6,00	Moyen	19,00	4,63	Moyen	Moyen
PS 422-CC1	16,00	6,00	Moyen	17,00	4,38	Moyen	Moyen
PS 422-CC4	16,00	6,00	Moyen	17,00	4,38	Moyen	Moyen
PS 434-CC1	16,00	6,00	Moyen	17,00	4,38	Moyen	Moyen
PS 434-CC4	16,00	6,00	Moyen	17,00	4,38	Moyen	Moyen
PS 443-CC1	16,00	6,00	Moyen	18,00	4,50	Moyen	Moyen
PS 443-CC4	16,00	6,00	Moyen	18,00	4,50	Moyen	Moyen
PS 467-CC4	16,00	6,00	Moyen	17,00	4,38	Moyen	Moyen
PS 503-CC1	16,00	6,00	Moyen	19,00	4,63	Moyen	Moyen
PS 503-CC4	16,00	6,00	Moyen	21,00	4,88	Moyen	Moyen
PS 515-CC1	16,00	6,00	Moyen	17,00	4,38	Moyen	Moyen
PS 515-CC4	16,00	6,00	Moyen	17,00	4,38	Moyen	Moyen
PS 531-CC1	16,00	6,00	Moyen	17,00	4,38	Moyen	Moyen
PS 531-CC4	16,00	6,00	Moyen	17,00	4,38	Moyen	Moyen
PS 559-CC1	16,00	6,00	Moyen	17,00	4,38	Moyen	Moyen
PS 559-CC4	16,00	6,00	Moyen	17,00	4,38	Moyen	Moyen
PS 586-CC1	16,00	6,00	Moyen	19,00	4,63	Moyen	Moyen
PS 586-CC4	16,00	6,00	Moyen	19,00	4,63	Moyen	Moyen
PS 599-CC1	16,00	6,00	Moyen	19,00	4,63	Moyen	Moyen
PS 599-CC4	16,00	6,00	Moyen	20,00	4,75	Moyen	Moyen
PS 611-CC1	16,00	6,00	Moyen	17,00	4,38	Moyen	Moyen
PS 611-CC4	16,00	6,00	Moyen	17,00	4,38	Moyen	Moyen

PS 617-CC1	16,00	6,00	Moyen	18,00	4,50	Moyen	Moyen
PS 617-CC4	16,00	6,00	Moyen	28,00	6,38	Moyen	Moyen
PS 623-CC1	16,00	6,00	Moyen	20,00	4,75	Moyen	Moyen
PS 623-CC4	16,00	6,00	Moyen	23,00	5,13	Moyen	Moyen
PS 645-CC1	16,00	6,00	Moyen	20,00	4,75	Moyen	Moyen
PS 645-CC4	16,00	6,00	Moyen	17,00	4,38	Moyen	Moyen
PS 666-CC1	16,00	6,00	Moyen	24,00	5,88	Moyen	Moyen
PS 666-CC4	16,00	6,00	Moyen	26,00	6,13	Moyen	Moyen
PS 683-CC1	16,00	6,00	Moyen	18,00	4,50	Moyen	Moyen
PS 683-CC4	16,00	6,00	Moyen	31,00	7,38	Elevé	Elevé

Tableau 22 : Evaluation optimiste de l'indice de criticité des chevêtres vis-à-vis de l'AR.

Les résultats obtenus montrent que les chevêtres ont une criticité moyenne vis-à-vis de l'AR à l'exception du chevêtre PS683-CC4 avec une criticité élevée à cause des désordres avancés, de type faïençage, avec une coloration sombre (noirâtre) du parement de ce chevêtre, susceptible d'être générés par une AR.

b) Scénario « neutre »

Dans ce cas, le manque d'information sur l'exposition des chevêtres aux alcalins provenant de leur environnement, est pénalisé et entraîne une augmentation du niveau d'aléa vis-à-vis de l'AR, contrairement aux chevêtres du PS623, exposés à de faibles quantités de sels de déverglaçage, qui ont gardé le même niveau d'aléa que celui pour le scénario « optimiste » (*Figure 10*).

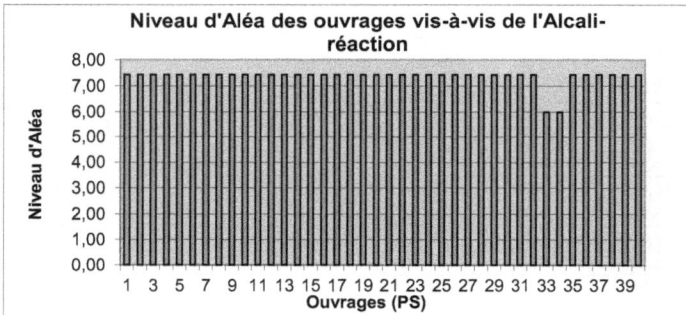

Figure 10 : Histogramme du niveau neutre d'aléa des chevêtres vis-à-vis de l'AR.

Les résultats du niveau de vulnérabilité, présentés sur la *Figure 11*, montrent que l'allure de ce dernier reste quasiment la même que celle obtenu dans le scénario « optimiste » car le manque d'informations sur certains critères est commun pour tous les chevêtres. Cependant, le niveau de vulnerabilité des chevêtres du PS586 a augmenté considérablement. Ce saut de valeur revient, outre le manque d'informations commun avec les autres chevêtres, aux désordres que présentent ses chevêtres (faïençages à grandes mailles) et sur lesquels il n'est pas déterminé s'il s'agit de fissures résultantes d'une AR ou RSI. Il s'agit donc d'un manque d'information pénalisé.

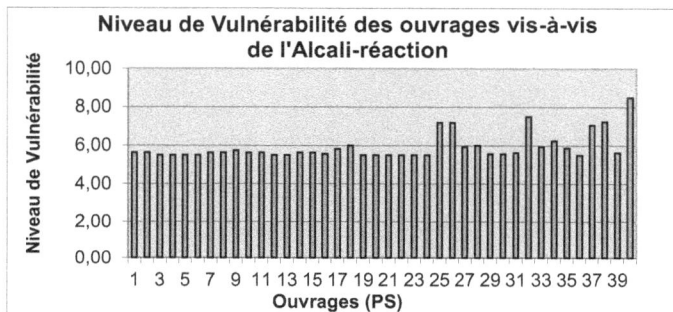

Figure 11 : Histogramme du niveau optimiste de vulnérabilité des chevêtres vis-à-vis de l'AR.

La combinaison des niveaux d'aléa et de vulnérabilité des chevêtres permet d'obtenir les indices de criticité regroupés dans le *Tableau 23* :

Ouvrages	Aléas chevêtres (notes non pondérées)	Aléas chevêtres (notes pondérées)	Niveau d'Aléa	Vulnérabilité chevêtres (notes non pondérées)	Vulnérabilité chevêtres (notes pondérées)	Niveau de Vulnérabilité	Indice de Criticité
PS 355-CC1	21,00	7,43	Elevé	21,00	5,63	Moyen	Elevé
PS 355-CC4	21,00	7,43	Elevé	21,00	5,63	Moyen	Elevé
PS 384-CC1	21,00	7,43	Elevé	20,00	5,50	Moyen	Elevé
PS 384-CC4	21,00	7,43	Elevé	20,00	5,50	Moyen	Elevé
PS 395-CC1	21,00	7,43	Elevé	20,00	5,50	Moyen	Elevé
PS 395-CC4	21,00	7,43	Elevé	20,00	5,50	Moyen	Elevé
PS 405-CC1	21,00	7,43	Elevé	21,00	5,63	Moyen	Elevé
PS 405-CC4	21,00	7,43	Elevé	21,00	5,63	Moyen	Elevé
PS 419-CC4	21,00	7,43	Elevé	22,00	5,75	Moyen	Elevé
PS 422-CC1	21,00	7,43	Elevé	21,00	5,63	Moyen	Elevé
PS 422-CC4	21,00	7,43	Elevé	21,00	5,63	Moyen	Elevé
PS 434-CC1	21,00	7,43	Elevé	20,00	5,50	Moyen	Elevé
PS 434-CC4	21,00	7,43	Elevé	20,00	5,50	Moyen	Elevé
PS 443-CC1	21,00	7,43	Elevé	21,00	5,63	Moyen	Elevé
PS 443-CC4	21,00	7,43	Elevé	21,00	5,63	Moyen	Elevé
PS 467-CC4	21,00	7,43	Elevé	20,50	5,56	Moyen	Elevé
PS 503-CC1	21,00	7,43	Elevé	22,50	5,81	Moyen	Elevé
PS 503-CC4	21,00	7,43	Elevé	24,00	6,00	Moyen	Elevé
PS 515-CC1	21,00	7,43	Elevé	20,00	5,50	Moyen	Elevé
PS 515-CC4	21,00	7,43	Elevé	20,00	5,50	Moyen	Elevé
PS 531-CC1	21,00	7,43	Elevé	20,00	5,50	Moyen	Elevé

PS 531-CC4	21,00	7,43	Elevé	20,00	5,50	Moyen	Elevé
PS 559-CC1	21,00	7,43	Elevé	20,00	5,50	Moyen	Elevé
PS 559-CC4	21,00	7,43	Elevé	20,00	5,50	Moyen	Elevé
PS 586-CC1	21,00	7,43	Elevé	28,50	7,19	Elevé	Elevé
PS 586-CC4	21,00	7,43	Elevé	28,50	7,19	Elevé	Elevé
PS 599-CC1	21,00	7,43	Elevé	23,50	5,94	Moyen	Elevé
PS 599-CC4	21,00	7,43	Elevé	24,00	6,00	Moyen	Elevé
PS 611-CC1	21,00	7,43	Elevé	20,50	5,56	Moyen	Elevé
PS 611-CC4	21,00	7,43	Elevé	20,50	5,56	Moyen	Elevé
PS 617-CC1	21,00	7,43	Elevé	21,00	5,63	Moyen	Elevé
PS 617-CC4	21,00	7,43	Elevé	31,00	7,50	Elevé	Elevé
PS 623-CC1	16,00	6,00	Moyen	23,50	5,94	Moyen	Moyen
PS 623-CC4	16,00	6,00	Moyen	26,00	6,25	Moyen	Moyen
PS 645-CC1	21,00	7,43	Elevé	23,00	5,88	Moyen	Elevé
PS 645-CC4	21,00	7,43	Elevé	20,00	5,50	Moyen	Elevé
PS 666-CC1	21,00	7,43	Elevé	27,50	7,06	Elevé	Elevé
PS 666-CC4	21,00	7,43	Elevé	29,00	7,25	Elevé	Elevé
PS 683-CC1	21,00	7,43	Elevé	21,00	5,63	Moyen	Elevé
PS 683-CC4	21,00	7,43	Elevé	34,00	8,50	Elevé	Elevé

Tableau 23 : Evaluation neutre de l'indice de criticité des chevêtres vis-à-vis de l'AR.

A travers les résultats obtenus, regroupés dans le *Tableau 29*, on s'aperçoit que la majorité des ouvrages qui avaient une criticité moyenne en scénario « optimiste » ont passé à une criticité élevée dans le cas présent car le manque d'information est pénalisé.

c) Scénario « pessimiste »

Dans ce scénario, le manque d'information sur l'exposition des chevêtres aux alcalins provenant de leur environnement fait augmenter encore une fois le niveau d'aléa vis-à-vis de l'AR car il est doublement pénalisé, contrairement aux chevêtres du PS623 qui ont gardé le même niveau d'aléa que ceux pour les scénarios précédents (*Figure 12*).

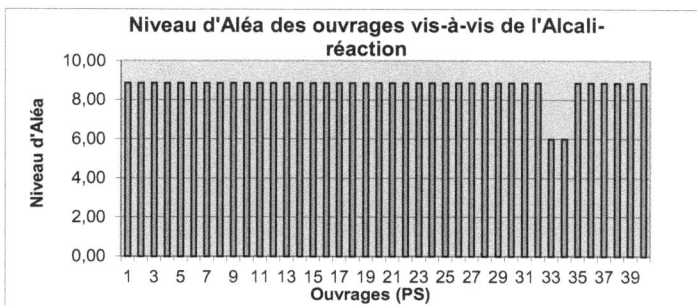

Figure 12 : Histogramme du niveau pessimiste d'aléa des chevêtres vis-à-vis de l'AR.

Concernant le niveau de vulnérabilité, outre les constats qui ont été faits dans les scénarios précédents, on remarque que le niveau de vulnérabilité des chevêtres du PS586 a encore augmenté car le manque d'informations sur l'origine (AR ou RSI) des désordres que présentent ces chevêtres est encore une fois pénalisé (*Figure 13*).

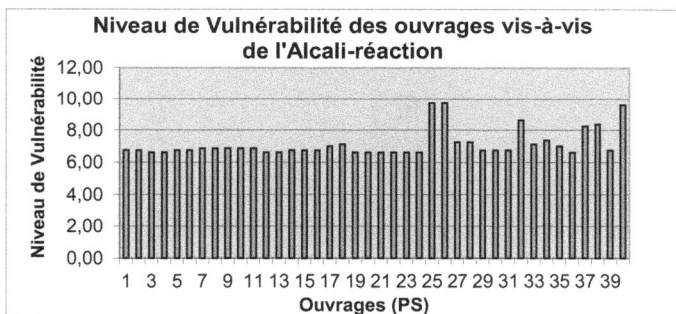

Figure 13 : Histogramme du niveau pessimiste de vulnérabilité des chevêtres vis-à-vis de l'AR.

La combinaison des niveaux d'aléa et de vulnérabilité des chevêtres permet d'obtenir les indices de criticité regroupés dans le *Tableau 24* :

Ouvrages	Aléas chevêtres (notes non pondérées)	Aléas chevêtres (notes pondérées)	Niveau d'Aléa	Vulnérabilité chevêtres (notes non pondérées)	Vulnérabilité chevêtres (notes pondérées)	Niveau de Vulnérabilité	Indice de Criticité
PS 355-CC1	26,00	8,86	Elevé	24,00	6,75	Elevé	Elevé
PS 355-CC4	26,00	8,86	Elevé	24,00	6,75	Elevé	Elevé
PS 384-CC1	26,00	8,86	Elevé	23,00	6,63	Moyen	Elevé
PS 384-CC4	26,00	8,86	Elevé	23,00	6,63	Moyen	Elevé
PS 395-CC1	26,00	8,86	Elevé	24,00	6,75	Elevé	Elevé
PS 395-CC4	26,00	8,86	Elevé	24,00	6,75	Elevé	Elevé
PS 405-CC1	26,00	8,86	Elevé	25,00	6,88	Elevé	Elevé

45

PS 405-CC4	26,00	8,86	Elevé	25,00	6,88	Elevé	Elevé
PS 419-CC4	26,00	8,86	Elevé	25,00	6,88	Elevé	Elevé
PS 422-CC1	26,00	8,86	Elevé	25,00	6,88	Elevé	Elevé
PS 422-CC4	26,00	8,86	Elevé	25,00	6,88	Elevé	Elevé
PS 434-CC1	26,00	8,86	Elevé	23,00	6,63	Moyen	Elevé
PS 434-CC4	26,00	8,86	Elevé	23,00	6,63	Moyen	Elevé
PS 443-CC1	26,00	8,86	Elevé	24,00	6,75	Elevé	Elevé
PS 443-CC4	26,00	8,86	Elevé	24,00	6,75	Elevé	Elevé
PS 467-CC4	26,00	8,86	Elevé	24,00	6,75	Elevé	Elevé
PS 503-CC1	26,00	8,86	Elevé	26,00	7,00	Elevé	Elevé
PS 503-CC4	26,00	8,86	Elevé	27,00	7,13	Elevé	Elevé
PS 515-CC1	26,00	8,86	Elevé	23,00	6,63	Moyen	Elevé
PS 515-CC4	26,00	8,86	Elevé	23,00	6,63	Moyen	Elevé
PS 531-CC1	26,00	8,86	Elevé	23,00	6,63	Moyen	Elevé
PS 531-CC4	26,00	8,86	Elevé	23,00	6,63	Moyen	Elevé
PS 559-CC1	26,00	8,86	Elevé	23,00	6,63	Moyen	Elevé
PS 559-CC4	26,00	8,86	Elevé	23,00	6,63	Moyen	Elevé
PS 586-CC1	26,00	8,86	Elevé	38,00	9,75	Elevé	Elevé
PS 586-CC4	26,00	8,86	Elevé	38,00	9,75	Elevé	Elevé
PS 599-CC1	26,00	8,86	Elevé	28,00	7,25	Elevé	Elevé
PS 599-CC4	26,00	8,86	Elevé	28,00	7,25	Elevé	Elevé
PS 611-CC1	26,00	8,86	Elevé	24,00	6,75	Elevé	Elevé
PS 611-CC4	26,00	8,86	Elevé	24,00	6,75	Elevé	Elevé
PS 617-CC1	26,00	8,86	Elevé	24,00	6,75	Elevé	Elevé
PS 617-CC4	26,00	8,86	Elevé	34,00	8,63	Elevé	Elevé
PS 623-CC1	16,00	6,00	Moyen	27,00	7,13	Elevé	Elevé
PS 623-CC4	16,00	6,00	Moyen	29,00	7,38	Elevé	Elevé
PS 645-CC1	16,00	8,86	Elevé	26,00	7,00	Elevé	Elevé
PS 645-CC4	16,00	8,86	Elevé	23,00	6,63	Moyen	Elevé
PS 666-CC1	26,00	8,86	Elevé	31,00	8,25	Elevé	Elevé
PS 666-CC4	26,00	8,86	Elevé	32,00	8,38	Elevé	Elevé
PS 683-CC1	26,00	8,86	Elevé	24,00	6,75	Elevé	Elevé
PS 683-CC4	26,00	8,86	Elevé	37,00	9,63	Elevé	Elevé

Tableau 24 : Evaluation pessimiste de l'indice de criticité des chevêtres vis-à-vis de l'AR.

A travers les résultats obtenus dans le cas échéant, regroupés dans le *Tableau 30*, on s'aperçoit que la criticité des chevêtres vis-à-vis de l'AR est encore une fois accentuée par l'effet du manque d'informations et le type de scénario choisi.

III.4.2 – Cas de la réaction sulfatique interne

a) Scénario « optimiste »

Les résultats du niveau d'aléa des chevêtres vis-à-vis de la RSI en scenario « optimiste », sont fortement dispersés et présentent des écarts importants pour la seule et unique raison des températures de leur béton atteintes le jour de leur coulage et en jeune âge. On rappelle ici que tous les chevêtres ont été coulés entre juin 1988 et Mai 1989 en différentes périodes de l'année ce qui fait chaque béton avait une température propre à lui d'où les écarts étalés des niveaux d'aléa même si les chevêtres se trouvent dans le même environnement.

Concernant les chevêtres des PS446, PS559 et PS666, les températures des bétons atteintes lors de leur coulage sont inconnues ce qui nous a conduit à les estimer à travers la géométrie de ces pièces, l'exothermie de leur bétons et les conditions de leur mis en œuvre sur lesquels on ne disposait pas d'informations suffisantes, et puisqu'on est dans le scénario « optimiste » où le manque d'information n'est pas pénalisé, le niveau d'aléa de ces chevêtres est alors plus faible par rapport à celui des autres (*Figure 14*).

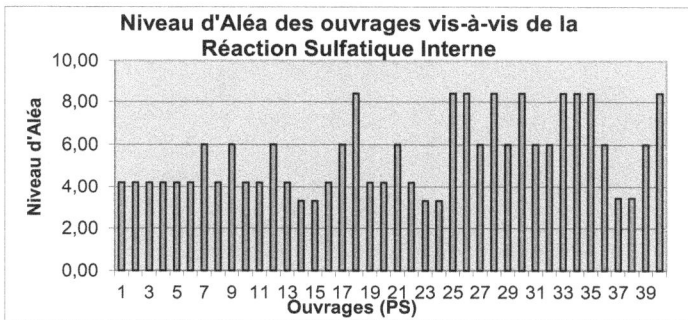

Figure 14 : Histogramme du niveau optimiste d'aléa des chevêtres vis-à-vis de la RSI.

Dans ce scénario, le niveau de vulnérabilite des chevetres est, en terme de quantité, de moyen à élevé. De manière genérale, les niveaux de vulnérabilité dans la *Figure 15* paraissent très proches pour les différents chevetres, avec des valeurs voisines de 6,66 à l'exception des chevetres PS503 et PS623 qui présentent des desordres avancés de type « faiencage » et des coulures de produits blanchâtres sur leurs parements ainsi que la mise en butée de leurs appareils d'appuie susceptibles d'être occasionés par une RSI.

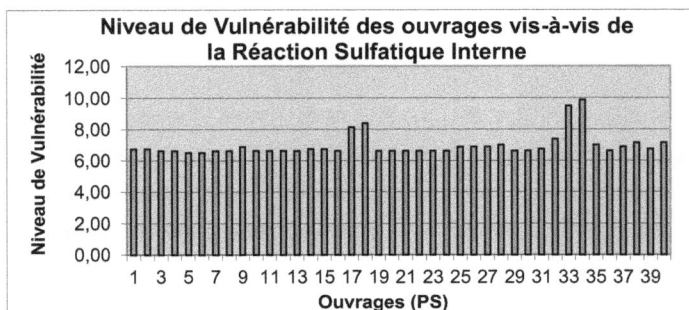

Figure 15 : Histogramme du niveau optimiste de vulnérabilité des chevêtres vis-à-vis de la RSI.

La combinaison des niveaux d'aléa et de vulnérabilité des chevêtres permet d'obtenir les indices de criticité regroupés dans le *Tableau 25* :

Ouvrages	Aléas chevêtres (notes non pondérées)	Aléas chevêtres (notes pondérées)	Niveau d'Aléa	Vulnérabilité chevêtres (notes non pondérées)	Vulnérabilité chevêtres (notes pondérées)	Niveau de Vulnérabilité	Indice de Criticité
PS 355-CC1	9,00	4,20	Moyen	24,00	6,75	Elevé	Elevé
PS 355-CC4	9,00	4,20	Moyen	24,00	6,75	Elevé	Elevé
PS 384-CC1	9,00	4,20	Moyen	23,00	6,63	Moyen	Moyen
PS 384-CC4	9,00	4,20	Moyen	23,00	6,63	Moyen	Moyen
PS 395-CC1	9,00	4,20	Moyen	22,00	6,50	Moyen	Moyen
PS 395-CC4	9,00	4,20	Moyen	22,00	6,50	Moyen	Moyen
PS 405-CC1	12,00	6,00	Moyen	23,00	6,63	Moyen	Moyen
PS 405-CC4	9,00	4,20	Moyen	23,00	6,63	Moyen	Moyen
PS 419-CC4	12,00	6,00	Moyen	25,00	6,88	Elevé	Elevé
PS 422-CC1	9,00	4,20	Moyen	23,00	6,63	Moyen	Moyen
PS 422-CC4	9,00	4,20	Moyen	23,00	6,63	Moyen	Moyen
PS 434-CC1	12,00	6,00	Moyen	23,00	6,63	Moyen	Moyen
PS 434-CC4	9,00	4,20	Moyen	23,00	6,63	Moyen	Moyen
PS 443-CC1	7,50	3,30	Faible	24,00	6,75	Elevé	Moyen
PS 443-CC4	7,50	3,30	Faible	24,00	6,75	Elevé	Moyen
PS 467-CC4	9,00	4,20	Moyen	23,00	6,63	Moyen	Moyen
PS 503-CC1	12,00	6,00	Moyen	30,00	8,13	Elevé	Elevé
PS 503-CC4	16,00	8,40	Elevé	32,00	8,38	Elevé	Elevé
PS 515-CC1	9,00	4,20	Moyen	23,00	6,63	Moyen	Moyen
PS 515-CC4	9,00	4,20	Moyen	23,00	6,63	Moyen	Moyen
PS 531-CC1	12,00	6,00	Moyen	23,00	6,63	Moyen	Moyen
PS 531-CC4	9,00	4,20	Moyen	23,00	6,63	Moyen	Moyen
PS 559-CC1	7,50	3,30	Faible	23,00	6,63	Moyen	Faible
PS 559-CC4	16,00	3,30	Faible	23,00	6,63	Moyen	Faible
PS 586-CC1	16,00	8,40	Elevé	25,00	6,88	Elevé	Elevé
PS 586-CC4	16,00	8,40	Elevé	25,00	6,88	Elevé	Elevé
PS 599-CC1	12,00	6,00	Moyen	25,00	6,88	Elevé	Elevé
PS 599-CC4	16,00	8,40	Elevé	26,00	7,00	Elevé	Elevé
PS 611-CC1	12,00	6,00	Moyen	23,00	6,63	Moyen	Moyen
PS 611-CC4	16,00	8,40	Elevé	23,00	6,63	Moyen	Elevé
PS 617-CC1	12,00	6,00	Moyen	24,00	6,75	Elevé	Elevé

PS 617-CC4	12,00	6,00	Moyen	29,00	7,38	Elevé	Elevé
PS 623-CC1	16,00	8,40	Elevé	36,00	9,50	Elevé	Elevé
PS 623-CC4	16,00	8,40	Elevé	39,00	9,88	Elevé	Elevé
PS 645-CC1	16,00	8,40	Elevé	26,00	7,00	Elevé	Elevé
PS 645-CC4	12,00	6,00	Moyen	23,00	6,63	Moyen	Moyen
PS 666-CC1	7,70	3,42	Moyen	25,00	6,88	Elevé	Elevé
PS 666-CC4	7,70	3,42	Moyen	27,00	7,13	Elevé	Elevé
PS 683-CC1	12,00	6,00	Moyen	24,00	6,75	Elevé	Elevé
PS 683-CC4	16,00	8,40	Elevé	27,00	7,13	Elevé	Elevé

Tableau 25 : Evaluation optimiste de l'indice de criticité des chevêtres vis-à-vis de la RSI.

Les résultats de la criticité des chevêtres vis-à-vis de la RSI, regroupés dans le *Tableau 25*, sont bien dispersés en raison de la différence des températures atteintes dans les chevêtres lors de leur coulage, différence accentuée par le poids important mis sur le critère de la température.

b) Scénario « neutre »

Dans ce cas, le niveau d'aléa des chevêtres vis-à-vis de la RSI est égal à celui trouvé en scénario « optimiste » (*Figure 16*) puisqu'on dispose des mêmes données concernant leur environnement et la température des bétons associés. Par contre, on remarque que le niveau d'aléa des chevêtres des PS443, PS559 et PS666 a augmenté, par rapport à celui obtenu pour le scénario « optimiste » car le manque d'informations sur la géométrie de ces chevêtres, sur l'exothermie de leur bétons et sur les conditions de leur mis en œuvre a été pénalisé d'où un niveau d'aléa plus élevé.

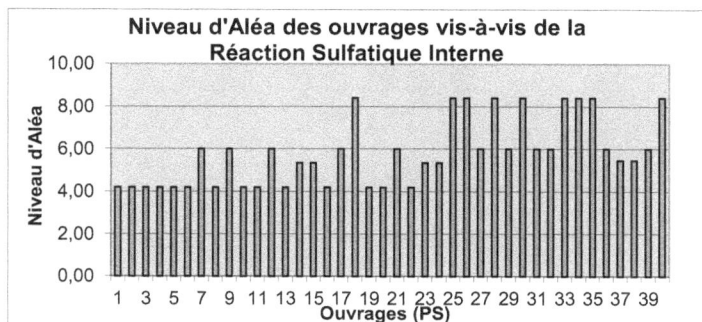

Figure 16 : Histogramme du niveau neutre d'aléa des chevêtres vis-à-vis de la RSI.

Dans ce scénario, le niveau de vulnérabilite de certains ouvrages est passé de moyen à élevé (*Figure 17*), par rapport aux resultats obtenus dans le scénario « optimiste », à cause de la pénalisation du manque d'information sur l'état des dispositifs d'assainissement de ces ouvrages. Par contre, le niveau de vulnérabilite des chevêtres PS586 a remarquablement augmenté en raison des désordres que présentent ces derniers et sur lesquels il n'est pas déterminé s'il s'agit de fissures résultantes d'une AR ou RSI. Il s'agit donc d'un manque d'information pénalisé.

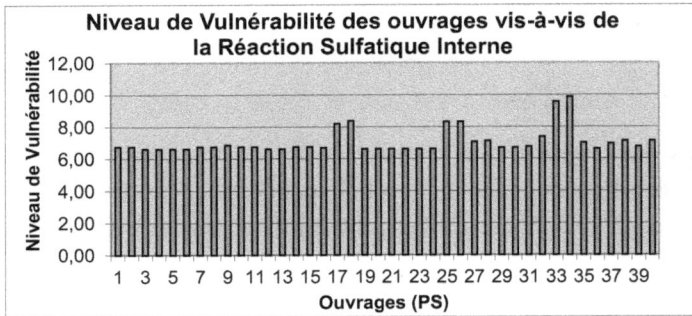

Figure 17 : Histogramme du niveau neutre de vulnérabilité des chevêtres vis-à-vis de la RSI.

La combinaison des niveaux d'aléa et de vulnérabilité des chevêtres permet d'obtenir les indices de criticité regroupés dans le *Tableau 26* :

Ouvrages	Aléas chevêtres (notes non pondérées)	Aléas chevêtres (notes pondérées)	Niveau d'Aléa	Vulnérabilité chevêtres (notes non pondérées)	Vulnérabilité chevêtres (notes pondérées)	Niveau de Vulnérabilité	Indice de Criticité
PS 355-CC1	9,00	4,20	Moyen	24,00	6,75	Elevé	Elevé
PS 355-CC4	9,00	4,20	Moyen	24,00	6,75	Elevé	Elevé
PS 384-CC1	9,00	4,20	Moyen	23,00	6,63	Moyen	Moyen
PS 384-CC4	9,00	4,20	Moyen	23,00	6,63	Moyen	Moyen
PS 395-CC1	9,00	4,20	Moyen	23,00	6,63	Moyen	Moyen
PS 395-CC4	9,00	4,20	Moyen	23,00	6,63	Moyen	Moyen
PS 405-CC1	12,00	6,00	Moyen	24,00	6,75	Elevé	Elevé
PS 405-CC4	9,00	4,20	Moyen	24,00	6,75	Elevé	Elevé
PS 419-CC4	12,00	6,00	Moyen	25,00	6,88	Elevé	Elevé
PS 422-CC1	9,00	4,20	Moyen	24,00	6,75	Elevé	Elevé
PS 422-CC4	9,00	4,20	Moyen	24,00	6,75	Elevé	Elevé
PS 434-CC1	12,00	6,00	Moyen	23,00	6,63	Moyen	Moyen
PS 434-CC4	9,00	4,20	Moyen	23,00	6,63	Moyen	Moyen
PS 443-CC1	10,90	5,34	Moyen	24,00	6,75	Elevé	Elevé
PS 443-CC4	10,90	5,34	Moyen	24,00	6,75	Elevé	Elevé
PS 467-CC4	9,00	4,20	Moyen	23,50	6,69	Elevé	Elevé
PS 503-CC1	12,00	6,00	Moyen	30,50	8,19	Elevé	Elevé
PS 503-CC4	16,00	8,40	Elevé	32,00	8,38	Elevé	Elevé
PS 515-CC1	9,00	4,20	Moyen	23,00	6,63	Moyen	Moyen
PS 515-CC4	9,00	4,20	Moyen	23,00	6,63	Moyen	Moyen
PS 531-CC1	12,00	6,00	Moyen	23,00	6,63	Moyen	Moyen
PS 531-CC4	9,00	4,20	Moyen	23,00	6,63	Moyen	Moyen
PS 559-CC1	10,90	5,34	Moyen	23,00	6,63	Moyen	Moyen
PS 559-CC4	16,00	5,34	Moyen	23,00	6,63	Moyen	Moyen

PS 586-CC1	16,00	8,40	Elevé	31,50	8,31	Elevé	Elevé
PS 586-CC4	16,00	8,40	Elevé	31,50	8,31	Elevé	Elevé
PS 599-CC1	12,00	6,00	Moyen	26,50	7,06	Elevé	Elevé
PS 599-CC4	16,00	8,40	Elevé	27,00	7,13	Elevé	Elevé
PS 611-CC1	12,00	6,00	Moyen	23,50	6,69	Elevé	Elevé
PS 611-CC4	16,00	8,40	Elevé	23,50	6,69	Elevé	Elevé
PS 617-CC1	12,00	6,00	Moyen	24,00	6,75	Elevé	Elevé
PS 617-CC4	12,00	6,00	Moyen	29,00	7,38	Elevé	Elevé
PS 623-CC1	16,00	8,40	Elevé	36,50	9,56	Elevé	Elevé
PS 623-CC4	16,00	8,40	Elevé	39,00	9,88	Elevé	Elevé
PS 645-CC1	16,00	8,40	Elevé	26,00	7,00	Elevé	Elevé
PS 645-CC4	12,00	6,00	Moyen	23,00	6,63	Moyen	Moyen
PS 666-CC1	11,10	5,46	Moyen	25,50	6,94	Elevé	Elevé
PS 666-CC4	11,10	5,46	Moyen	27,00	7,13	Elevé	Elevé
PS 683-CC1	12,00	6,00	Moyen	24,00	6,75	Elevé	Elevé
PS 683-CC4	16,00	8,40	Elevé	27,00	7,13	Elevé	Elevé

Tableau 26 : Evaluation neutre de l'indice de criticité des chevêtres vis-à-vis de la RSI.

Dans ce scénario, la criticité est restée la même pour certains chevêtres comparativement aux résultats obtenus dans le scénario « optimiste », et est passée de faible à moyen et de moyen à élevé pour les autres car le manque d'information sur certains critères (ou sous-critère) est pénalisé.

c) Scénario « pessimiste »

Comme dans les scénarios précédents, le niveau d'aléa des chevêtres vis-à-vis de la RSI est resté le même pour tous les chevêtres (*Figure 18*), excepté pour celui des chevêtres des ouvrages PS443, PS559 et PS666 qui a encore augmenté par rapport à ceux obtenus dans les scénarios précédents car le manque d'informations sur la géométrie de ces chevêtres, sur l'exothermie de leur bétons et sur les conditions de leur mis en œuvre a été encore une fois pénalisé d'où un niveau d'aléa plus élevé.

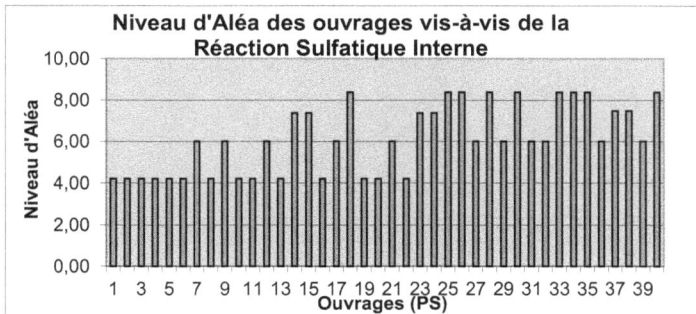

Figure 18 : Histogramme du niveau pessimiste d'aléa des chevêtres vis-à-vis de la RSI.

Comme dans le scénario précédent, le niveau de vulnérabilite de certains ouvrages a encore augmenté (*Figure 19*) à cause de la pénalisation du manque d'information sur l'état de leurs dispositifs d'assainissement ainsi que celui des chevetres PS586 en raison des désordres que présentent ces derniers et sur lesquels il n'est pas déterminé s'il s'agit de fissures résultantes d'une AR ou RSI.

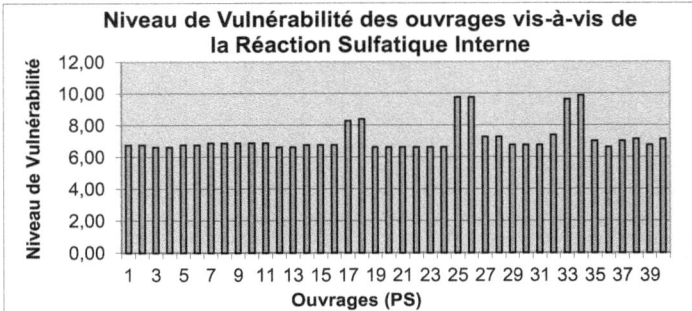

Figure 19 : Histogramme du niveau pessimiste de vulnérabilité des chevêtres vis-à-vis de la RSI.

La combinaison des niveaux d'aléa et de vulnérabilité des chevêtres permet d'obtenir les indices de criticité regroupés dans le *Tableau 27* :

Ouvrages	Aléas chevêtres (notes non pondérées)	Aléas chevêtres (notes pondérées)	Niveau d'Aléa	Vulnérabilité chevêtres (notes non pondérées)	Vulnérabilité chevêtres (notes pondérées)	Niveau de Vulnérabilité	Indice de Criticité
PS 355-CC1	9,00	4,20	Moyen	24,00	6,75	Elevé	Elevé
PS 355-CC4	9,00	4,20	Moyen	24,00	6,75	Elevé	Elevé
PS 384-CC1	9,00	4,20	Moyen	23,00	6,63	Moyen	Moyen
PS 384-CC4	9,00	4,20	Moyen	23,00	6,63	Moyen	Moyen
PS 395-CC1	9,00	4,20	Moyen	24,00	6,75	Elevé	Elevé
PS 395-CC4	9,00	4,20	Moyen	24,00	6,75	Elevé	Elevé
PS 405-CC1	12,00	6,00	Moyen	25,00	6,88	Elevé	Elevé
PS 405-CC4	9,00	4,20	Moyen	25,00	6,88	Elevé	Elevé
PS 419-CC4	12,00	6,00	Moyen	25,00	6,88	Elevé	Elevé
PS 422-CC1	9,00	4,20	Moyen	25,00	6,88	Elevé	Elevé
PS 422-CC4	9,00	4,20	Moyen	25,00	6,88	Elevé	Elevé
PS 434-CC1	12,00	6,00	Moyen	23,00	6,63	Moyen	Moyen
PS 434-CC4	9,00	4,20	Moyen	23,00	6,63	Moyen	Moyen
PS 443-CC1	14,30	7,38	Elevé	24,00	6,75	Elevé	Elevé
PS 443-CC4	14,30	7,38	Elevé	24,00	6,75	Elevé	Elevé
PS 467-CC4	9,00	4,20	Moyen	24,00	6,75	Elevé	Elevé
PS 503-CC1	12,00	6,00	Moyen	31,00	8,25	Elevé	Elevé
PS 503-CC4	16,00	8,40	Elevé	32,00	8,38	Elevé	Elevé
PS 515-CC1	9,00	4,20	Moyen	23,00	6,63	Moyen	Moyen
PS 515-CC4	9,00	4,20	Moyen	23,00	6,63	Moyen	Moyen
PS 531-CC1	12,00	6,00	Moyen	23,00	6,63	Moyen	Moyen
PS 531-CC4	9,00	4,20	Moyen	23,00	6,63	Moyen	Moyen
PS 559-CC1	14,30	7,38	Elevé	23,00	6,63	Moyen	Elevé

PS 559-CC4	16,00	7,38	Elevé	23,00	6,63	Moyen	Elevé
PS 586-CC1	16,00	8,40	Elevé	38,00	9,75	Elevé	Elevé
PS 586-CC4	16,00	8,40	Elevé	38,00	9,75	Elevé	Elevé
PS 599-CC1	12,00	6,00	Moyen	28,00	7,25	Elevé	Elevé
PS 599-CC4	16,00	8,40	Elevé	28,00	7,25	Elevé	Elevé
PS 611-CC1	12,00	6,00	Moyen	24,00	6,75	Elevé	Elevé
PS 611-CC4	16,00	8,40	Elevé	24,00	6,75	Elevé	Elevé
PS 617-CC1	12,00	6,00	Moyen	24,00	6,75	Elevé	Elevé
PS 617-CC4	12,00	6,00	Moyen	29,00	7,38	Elevé	Elevé
PS 623-CC1	16,00	8,40	Elevé	37,00	9,63	Elevé	Elevé
PS 623-CC4	16,00	8,40	Elevé	39,00	9,88	Elevé	Elevé
PS 645-CC1	16,00	8,40	Elevé	26,00	7,00	Elevé	Elevé
PS 645-CC4	12,00	6,00	Moyen	23,00	6,63	Moyen	Moyen
PS 666-CC1	14,50	7,50	Elevé	26,00	7,00	Elevé	Elevé
PS 666-CC4	14,50	7,50	Elevé	27,00	7,13	Elevé	Elevé
PS 683-CC1	12,00	6,00	Moyen	24,00	6,75	Elevé	Elevé
PS 683-CC4	16,00	8,40	Elevé	27,00	7,13	Elevé	Elevé

Tableau 27 : Evaluation pessimiste de l'indice de criticité des chevêtres vis-à-vis de la RSI.

Dans ce scénario, la criticité est restée la même pour certains chevêtres comparativement aux résultats obtenus dans les scénarios précédents, et a encore augmenté pour les autres car le manque d'information sur certains critères (ou sous-critère) est encore une fois pénalisé.

III.5 - Analyse approfondie et vérification des résultats

Dans ce paragraphe, on va se baser sur les résultats qui ont été obtenus à l'issu de l'analyse approfondie qui a été appliquée sur certains chevêtres afin vérifier la fiabilité des résultats obtenus dans l'analyse préliminaire. Pour cela, une étude a été effectuée à partir d'échantillons prélevés sur certains chevêtres par carottage, tant en zone altérée (avec un échantillonnage reparti compte tenu de l'hétérogénéité du phénomène) qu'en zone saine afin de les soumettre à l'essai d'expansion résiduelle accélérée puis à l'examen de microscopie électronique à balayage, plus un suivi de déformations globales (ou dimensionnel) des chevêtres à l'aide du distancemètre à fil Invar.

III.5.1 - Distancemétrie à fil Invar

Cette opération a été effectuée pour évaluer les déformations globales des chevêtres dans le temps en les équipant avec des bases de mesure dimensionnelles. Les résultats obtenus sont regroupés dans le *Tableau 28* :

Ouvrages	Déformations globales (%/an) [Précision=0,01%]
PS 503-CC4	0,04
PS 586-CC1	0,02
PS 599-CC4	0,01
PS 617-CC1	0,03
PS 623-CC1	0,01
PS 623-CC4	0,01
PS 645-CC1	0,01

Tableau 28 : Déformations des chevêtres mesurées par distancemètre à fil Invar.

Les mesures qui ont été prises montrent que les chevêtres PS503-CC4 et PS617-CC1 se sont allongés considérablement, ce qui nous permet de dire que les réactions de gonflement sont encore en cours de développement, contrairement aux autres chevêtres qui présentent des allongements du même ordre que l'erreur. Cependant, il se peut que des réactions de gonflement aient eu lieu dans ces derniers chevêtres et qu'elles soient à un stade très avancé de leur développement.

III.5.2 - Essai d'expansion résiduelle

Cet essai s'appuie sur les résultats du suivi in situ à partir des carottes prélevées des chevêtres qui ont été immergées dans l'eau à 20°C durant 329 jours (environnement favorisant une réaction de gonflement). Des mesures de déformation ont ensuite été prises au cours du temps afin de déterminer si le gonflement du béton des chevêtres pouvait encore augmenter.

Les résultats de cet essai sont regroupés dans le *Tableau 29* :

Ouvrages	Résultats de l'expansion résiduelle (%)
PS 503-CC4	0,03 - 0,61
PS 617-CC1	0,29 - 0,67
PS 617-CC4	0,09 - 0,24
PS 623-CC1	0,01 - 0,06
PS 623-CC4	0,04 - 0,08

Tableau 29 : Déformations des chevêtres mesurées par l'essai d'expansion résiduelle.

Les résultats obtenus sont conformes à ceux trouvé par le distancemètre à fil Invar. En effet, les chevêtres PS503-CC4 et PS617-CC1 sont susceptibles de continuer à gonfler. Cependant, l'expansion des autres chevêtres est relativement faible et cela revient soit à la limitation des agents réactifs nécessaires à développer une réaction de gonflement dans ces chevêtres.

III.5.3 - Examen au microscope électronique à balayage (MEB)

Cet examen a été effectué sur les prélèvements référencés : PS645-CC4, PS623-CC1 et PS645-CC1. Le choix de ces deux parties d'ouvrages est justifié par les arguments suivants :

- les chevêtres du PS 623 présentent des désordres assez avancés. Le béton de ces chevêtres a été analysé de manière exhaustive et les origines des désordres ont été identifiées. Les températures maximales atteintes lors du coulage des chevêtres sont comprises entre 27,5 et 31,5°C,
- les chevêtres du PS 645 ont été aussi coulés en août 1988 avec des températures maximales de date de coulage variant entre 23,5 et 26°C. Malgré des températures ambiantes du coulage du même niveau que celles du PS 623, les désordres observés sont moins avancés.

L'analyse approfondie de ces chevêtres permet d'évaluer le niveau de gonflement de chaque partie d'ouvrage coulée pendant la même période et ne présentant pas des désordres d'une intensité similaire.

Plusieurs fragments de béton ont été prélevés sur les trois carottes de béton PS623-CC1, PS645-CC1 et PS645-CC4. Ces prélèvements ont été réalisés en bordure et à cœur des carottes. Les observations générales sont comparables dans les deux zones et pour les trois carottes. Les observations spécifiques à chaque carotte sont détaillées ci-après :

a) Chevêtre PS623-CC1

L'ettringite est assez abondante dans cet échantillon. Elle prend la forme d'aiguilles coalescentes dans certaines des bulles d'air (*Figure 21 (b)*). Elle devient comprimée et se présente en importants «épanchements» localisés au niveau des interfaces des granulats et de la phase liante (*Figure 21 (a)*). Ces formations massives sont observées également dans les empreintes de granulats ou en surface de ceux-ci, selon les fractures des prélèvements réalisées lors de la préparation. Ces formations d'ettringite ont des épaisseurs de quelques microns. La nature des granulats pour lesquels ce phénomène se réalise semble indifférente.

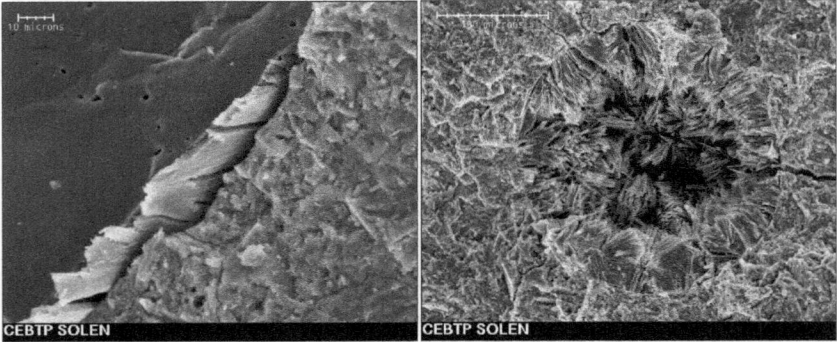

| Photo (a) | Photo (b) |

(a) : Ettringite comprimée à l'interface sable/liant.
(b) : Aiguilles coalescentes d'ettringite tapissant une bulle.

Figure 21 : Formation d'ettringite observé par MEB sur la carotte du chevêtre PS623-CC1 [16].

b) Chevêtre PS645-CC1

L'ettringite est très abondante dans cet échantillon. Les aiguilles présentes dans les bulles d'air   sont fréquemment coalescentes (*Figure 22 (b)*). L'ensemble des bulles renferme des aiguilles d'ettringite et certaines d'entre elles en sont même totalement remplies. Les « épanchements » massifs présents au niveau des interfaces entre la surface des grains de sable et la phase liante sont très abondants et fréquent (*Figure 22 (a)*). La nature des granulats pour lesquels ce phénomène se réalise semble indifférente.

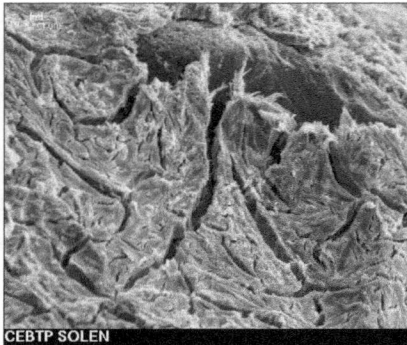

| Photo (a) | Photo (b) |

(a) : Ettringite comprimée en surface d'un sable.
(b) : Boules d'aiguilles d'ettringite dans une bulle.

Figure 21 : Formation d'ettringite observé par MEB sur la carotte du chevêtre PS623-CC1 [16].

c) Chevêtre PS645-CC4

Au contraire des deux autres carottes, aucune formation d'ettringite comprimée et massive n'a été détectée.

III.5.4 – Discussion générale des résultats

Les résultats des différentes investigations menées in situ et en laboratoire sur le béton des chevêtres ainsi que les résultats obtenus à l'issu de l'analyse préliminaire sont conformes (*Tableau 30*) et permettent d'argumenter une hypothèse de réaction sulfatique interne (RSI) à l'origine des fissurations observées.

Ces résultats montrent nettement que le béton des chevêtres ayant une criticité élevée et qui n'avait pas manifesté de désordres de type RSI tels que les chevêtres PS645, est successible d'enclencher ce phénomène dès que l'on se trouve dans un milieu favorable. En revanche, le gonflement du béton des chevêtres, ayant une criticité élevée, est faible malgré des conditions d'essai à saturation d'humidité en raison de l'état d'avancement de l'expansion de leur béton et que les agents réactifs nécessaires à développer une réaction de gonflement sont désormais limités.

Ouvrages	Indice Criticité (Optimiste)	Indice Criticité (Neutre)	Indice Criticité (Pessimiste)	Résultats de l'analyse approfondie (MEB)	Résultats de l'expansion résiduelle (%)	Distancemetrie au fil Invar (%/an) [Précision=0,01%]
PS 503-CC4	Elevé	Elevé	Elevé	/	0,03 - 0,61	0,04
PS 586-CC1	Elevé	Elevé	Elevé	/	/	0,02
PS 599-CC4	Elevé	Elevé	Elevé	/	/	0,01
PS 617-CC1	Elevé	Elevé	Elevé	/	0,29 - 0,67	0,03
PS 617-CC4	Elevé	Elevé	Elevé	/	0,09 - 0,24	/
PS 623-CC1	Elevé	Elevé	Elevé	Ettringite assez abondante	0,01 - 0,06	0,01
PS 623-CC4	Elevé	Elevé	Elevé	/	0,04 - 0,08	0,01
PS 645-CC1	Elevé	Elevé	Elevé	Ettringite très abondante	/	0,01
PS 645-CC4	Moyen	Moyen	Moyen	Aucune ettringite détectée	/	/
PS 683-CC4	Elevé	Elevé	Elevé	/	0,12 - 0,39	0

Tableau 30 : Tableau comparatif entre les résultats obtenus lors de l'analyse préliminaire et l'analyse approfondie.

Les températures des dates de coulage des bétons des ouvrages présentant des fissurations importantes correspondent à des températures estivales puisqu'elles correspondent à la période juin- septembre 1988. Cependant, les chevêtres présentant des fissurations moins importantes se trouvent dans un environnement hydrique moins sévère (présence et fonctionnalité des dispositifs d'assainissement) que pour ceux présentant des fissurations importantes où l'absence ou défaillance des dispositifs d'assainissement a été constaté.

IV - CONCLUSIONS

D'après la comparaison qui a été faite entre les résultats obtenus lors de l'analyse préliminaire à ceux obtenus à l'issu de l'analyse approfondie, le type de scénario envisagé et la pénalisation du manque d'information ont un impact faible sur la criticité des chevêtres vis-à-vis d'une réaction de gonflement. Cependant, la disponibilité et la crédibilité des informations nécessaires pour établir une analyse préliminaire sont deux conditions incontournables pour avoir des résultats plus pertinents.

Le système de poids qui a été choisi s'avère pertinent mais il faudra quand même nuancer encore plus entre les critères pour voir quel est le plus important d'entre eux. La réponse à cette question sera évoquée dans des travaux ultérieurs.

A l'issu de l'analyse préliminaire, le gestionnaire d'un lot d'ouvrages dispose d'une cartographie de criticité vis-à-vis de l'AR ou de la RSI qui lui permet de procéder de la manière suivante :

- lorsque le risque est faible, l'analyse des risques s'arrête, mais l'ouvrage doit bien évidemment faire l'objet d'une procédure classique de suivi et d'inspection qui peut toutefois déboucher dans certains cas sur des investigations complémentaires,

- lorsque le risque est modéré, on peut, selon le cas, soit arrêter l'analyse à ce stade et prendre des mesures de surveillance et d'entretien plus poussées que pour un ouvrage à risque faible, soit réaliser une étude détaillée lorsque l'on juge que celle-ci devrait permettre de mieux évaluer le risque,

- lorsque le risque est élevé, il faut réaliser une analyse des risques détaillée pour mieux quantifier son importance (ce qui peut conduire à requalifier le risque), et surtout, en vue du traitement du risque, pour l'utilisation optimale des moyens.

Dans tous les cas, le gestionnaire dispose principalement de deux leviers pour gérer le risque :

- affiner le niveau d'aléas portant sur l'état de la structure par une meilleure connaissance de l'ouvrage,
- diminuer la vulnérabilité de son patrimoine par des réparations ou des renforcements.

Il est noté qu'il n'existe pas à ce jour de méthodes permettant d'arrêter totalement une réaction de gonflement interne ou de réparer définitivement un ouvrage atteint. L'objectif du traitement est donc essentiellement de ralentir l'évolution des désordres afin d'assurer dans les meilleurs conditions la gestion et la pérennité des ouvrages concernés.

ANNEXES

ANNEXE 1

Identification des réactions de gonflement interne du béton dans les ouvrages

Fissuration en réseau et faïençage : la fissure en réseau (à ne pas confondre avec celle du retrait de dessiccation) est souvent considérée comme anarchique dans la mesure où elle est constituée de fissures au tracé erratique et peut se présenter en mailles de 10 à 40 cm de coté et une profondeur qui peut atteindre plus de 10 cm. Les grandes mailles peuvent être recoupées par des mailles plus petites, elles-mêmes recoupées par un faïençage, pour aboutir à un enchevêtrement de réseaux de taille différente. Le faïençage se manifeste avec des mailles de 10 à 50 mm de coté et une profondeur de quelques centimètres.

Figure 22 : Structure présentant une fissuration en réseau et un faïençage.

Fissuration orientée suivant une direction : Lorsque des efforts de compression s'opposent au gonflement interne, les fissures sont orientées préférentiellement selon la direction de ces efforts (à ne pas confondre avec des fissures de la construction, lors de la mise en tension des câbles de précontrainte par exemple, ou des fissures d'origine mécanique).

Figure 23 : Fissures verticales affectant un pylône de pont suspendu.

Fissuration orientée suivant deux directions : Elle reproduit le tracé des armatures de peau (à ne pas confondre avec les fissures dues à la corrosion des armatures).

Mouvements et déformations de la structure : Rejet des lèvres d'une fissure lorsqu'il se produit au sein d'une même pièce de béton, expansion du tablier d'un pont et fermeture des joints de dilatation ainsi qu'à la mise en butée de l'ouvrage (des remblais gonflant derrière les culées ou des mouvements d'appuis peuvent être à l'origine de fermeture de joints et de mise en butée).

Figure 24 : Rejet d'environ 2 mm d'une fissure située à mi-épaisseur du piédroit d'un portique.

Rupture d'armatures : Lorsque les pièces sont faiblement armées, le gonflement du béton du à l'AR peut provoquer la rupture d'armatures passives au droit des fissures avec striction (examiner si la rupture d'armatures n'est pas causée par un défaut de fonctionnement de la structure).

Figure 25 : Rupture d'un acier passif vertical à l'angle d'un mur de culée (la rupture est accompagnée d'une striction de l'armature).

Coloration des parements : Les fissures soulignées par une coloration sombre ou affectées par une décoloration du parement tout au long de celles-ci, doivent faire suspecter une alcali-réaction (une coloration jaunâtre ou ocre du parement peut aussi être observée lorsque l'AR et la RSI sont concomitantes).

Figure 26 : Décoloration observée le long des fissures d'un trottoir.

Cratères (pop-outs): La présence en parement de cratères au fond desquels un granulat ou un produit blanchâtre est visible peut être un signe d'AR. Les granulats réactifs proches du parement le font éclater en expulsant une pastille conique d'un diamètre de l'ordre de 1 à 2 cm (à ne pas confondre avec les cratères causés par des granulats gélifs, une pollution accidentelle des granulats par de la chaux vive ou lors de l'hydratation de nodules d'argiles présents dans un sable).

Figure 27 : Petits cratères (pop-outs) dus à l'alcali-réaction.

Efflorescences et exsudations de calcite : Suintements de gel d'AR à travers les fissures (toute fissure, quelle que soit son origine, est susceptible de générer le même phénomène, s'il y a circulation d'eau).

Figure 28 : Efflorescences visibles sur une passerelle pour piétons.

Absence de mousse et de lichen : L'absence de mousse et de lichen le long des fissures, alors qu'ils sont visibles en d'autres points au parement, a été notée sur des ouvrages présentant à la fois une AR et une RSI (le mécanisme menant à cette absence n'étant pas élucidé, il est possible que d'autres causes soient à l'origine de ce type de phénomène).

Figure 29 : Présence accentuée des désordres sur le parement dans la zone d'écoulement des eaux.

ANNEXE 2

Scénarios supposés pour traiter le cas

« pas d'information »

1- Scénarios supposés dans le cas de l'AR

a) Niveau d'Aléa

Scénario	Sc 1: Optimiste	Sc 2: Neutre	Sc3: Pessimiste
Critères d'évaluation :	*Cotation*	*Cotation*	*Cotation*
CA1 : Humidité de l'environnement			
Pas d'information	0,0	5,0	10,0
CA2 : Exposition aux alcalins d'origine interne (au béton)			
Nature du ciment :			
Pas d'information	0,0	5,0	10,0
* CPA (CEMI), CPJ(CEMII) ou CLC (CEMV)			
Si le bilan en alcalins équivalent Na2Oeq (kg/m3) est inconnu	0,0	5,0	10,0
* CHF (CEMIII/B)			
Si Oui, le ciment contient-il plus de 60% de laitier?			
Pas d'information	0,0	2,0	4,0
Le % en alcalins totaux du ciment (en % poids de ciment) est < à 1,1%			
Pas d'information	0,0	1,0	2,0
* CLK (CEMIII/C)			
Le ciment contient-il plus de 80% de laitier?			
Pas d'information	0,0	1,0	2,0
Le % en alcalins totaux du ciment (en % poids de ciment) est < à 2%			
Pas d'information	0,0	0,5	1,0
CA3 : Exposition aux alcalins d'origine externe			
Pas d'information	0,0	5,0	10,0

Tableau 31 : Scénarios optimiste, neutre et pessimiste associés au manque d'information pour l'évaluation du niveau d'aléa des chevêtres vis-à-vis de l'AR.

b) Niveau de Vulnérabilité

Scénario	Sc 1: Optimiste	Sc 2: Neutre	Sc3: Pessimiste
Critères d'évaluation :	*Cotation*	*Cotation*	*Cotation*
CV1 : Date de construction de la structure			
Pas d'information	0,0	5,0	10,0
CV2 : Protection du béton contre l'humidité			
Présence d'une protection de surface (peinture, revêtement)			
Pas d'information	0,0	1,0	2,0
Assainissement et étanchéité			
Défaillance des dispositifs d'évacuation des eaux sur la structure			
Pas d'information	0,0	0,5	1,0
Défaut d'étanchéité des joints assurant l'étanchéité de la structure			
Pas d'information	0,0	0,5	1,0
Ruissellements sur la structure			
Pas d'information	0,0	0,5	1,0
Défaillance de l'étanchéité du tablier			
Pas d'information	0,0	0,5	1,0
Caractéristiques du parement			
Pas d'information	0,0	2,0	4,0
CV3 : Formulation du béton			
Réactivité des granulats			

Pas d'information	0,0	3,0	6,0
Nature du ciment et des additions :			
Utilisation d'additions en combinaison avec un ciment			
Le type de ciment utilisé			
Pas d'information	0,0	2,0	4,0
CV4 : Désordres symptomatiques d'alcali-réaction :			
Pas d'information	0,0	5,0	10,0

Tableau 32 : Scénarios optimiste, neutre et pessimiste associés au manque d'information pour l'évaluation du niveau de vulnérabilité des chevêtres vis-à-vis de l'AR.

2- Scénarios supposés dans le cas de la RSI
a) Niveau d'Aléa

Scénario	Sc 1: Optimiste	Sc 2: Neutre	Sc3: Pessimiste
Critères d'évaluation :	*Cotation*	*Cotation*	*Cotation*
CA1 : Humidité de l'environnement			
Pas d'information	0,0	5,0	10,0
CA2 : Température du béton après son coulage			
La température maximale atteinte dans la pièce de béton est connue			
Sinon, compléter les critères suivants :			
Massivité de la structure :			
Structure massive ou critique vis-à-vis de l'échauffement du béton			
Pas d'information	0,0	3,0	6,0
Caractère exothermique de la formule de béton :			
Le type de ciment est connu			
Pas d'information	0,0	1,5	3,0
Si oui compléter les critères suivants :			
Utilisation d'un ciment à faible chaleur d'hydratation (LH)			
Pas d'information	0,0	0,5	1,0
Si utilisation de CEMI :			
* préciser le dosage (kg/m3)			
Pas d'information	0,0	0,5	1,0
* Utilisation d'additions en combinaison avec le CEMI			
Pas d'information	0,0	0,3	0,5
* Utilisation des ciments ayants des résistances élevées			
Pas d'information	0,0	0,3	0,5
Conditions de fabrication et de mise en œuvre :			
Dispositions prises pour limiter la montée en température du béton			
Pas d'information	0,0	0,1	0,2
Bétonnage en période favorable			
Pas d'information	0,0	0,1	0,2
Fractionnement du bétonnage			
Pas d'information	0,0	0,1	0,2
Utilisation d'un système de refroidissement intégré			
Pas d'information	0,0	0,1	0,2
Utilisation de coffrages favorisant les échanges thermiques			
Pas d'information	0,0	0,1	0,2

Tableau 33 : Scénarios optimiste, neutre et pessimiste associés au manque d'information pour l'évaluation du niveau d'aléa des chevêtres vis-à-vis de la RSI.

b) Niveau de Vulnérabilité

Scénario	Sc 1: Optimiste	Sc 2: Neutre	Sc3: Pessimiste
Critères d'évaluation :	*Cotation*	*Cotation*	*Cotation*
CV1 : Date de construction de la structure			
Pas d'information	0,0	5,0	10,0
CV2 : Protection du béton contre l'humidité			
Présence d'une protection de surface (peinture, revêtement)			
Pas d'information	0,0	1,0	2,0
Assainissement et étanchéité			
Défaillance des dispositifs d'évacuation des eaux sur la structure			
Pas d'information	0,0	0,5	1,0
Défaut d'étanchéité des joints assurant l'étanchéité de la structure			
Pas d'information	0,0	0,5	1,0
Ruissellements sur la structure			
Pas d'information	0,0	0,5	1,0
Défaillance de l'étanchéité du tablier			
Pas d'information	0,0	0,5	1,0
Caractéristiques du parement			
Pas d'informations	0,0	2,0	4,0
CV3 : Formulation du béton			
Bilan en alcalins équivalents Na_2O_{eq} (kg/m3)			
Pas d'information	0,0	3,0	6,0
Le type de ciment est connu			
Pas d'information	0,0	2,0	4,0
CV4 : Désordres symptomatiques de RSI :			
Pas d'information	0,0	5,0	10,0

Tableau 34 : Scénarios optimiste, neutre et pessimiste associés au manque d'information pour l'évaluation du niveau de vulnérabilité des chevêtres vis-à-vis de la RSI.

ANNEXE 3

Galerie photos des chevêtres

Chevêtre PS355

Chevêtre PS384

Chevêtre PS395

Chevêtre PS405

Chevêtre PS419-CC4

Chevêtre PS422

Chevêtre PS434

Chevêtre PS443

Chevêtre PS467

Chevêtre PS503-CC1

Chevêtre PS503-CC4

Chevêtre PS515

Chevêtre PS531

Chevêtre PS559

Chevêtre PS586-CC1

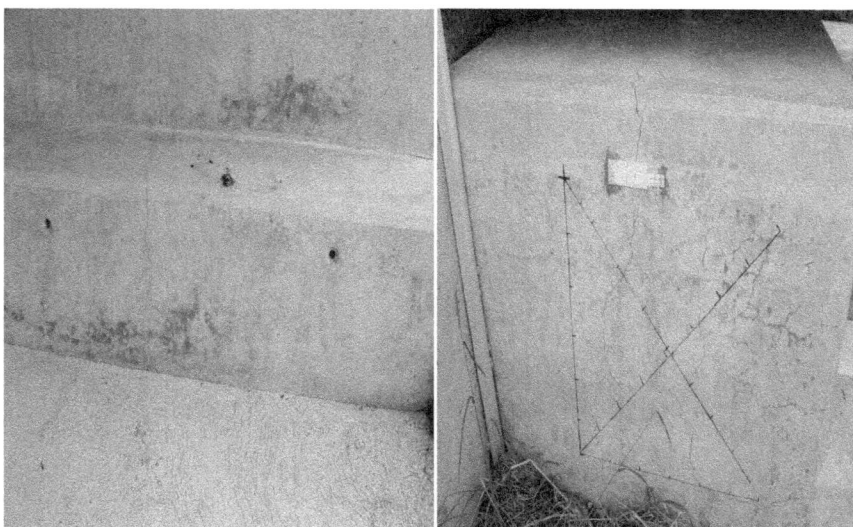

Chevêtre PS586-CC4

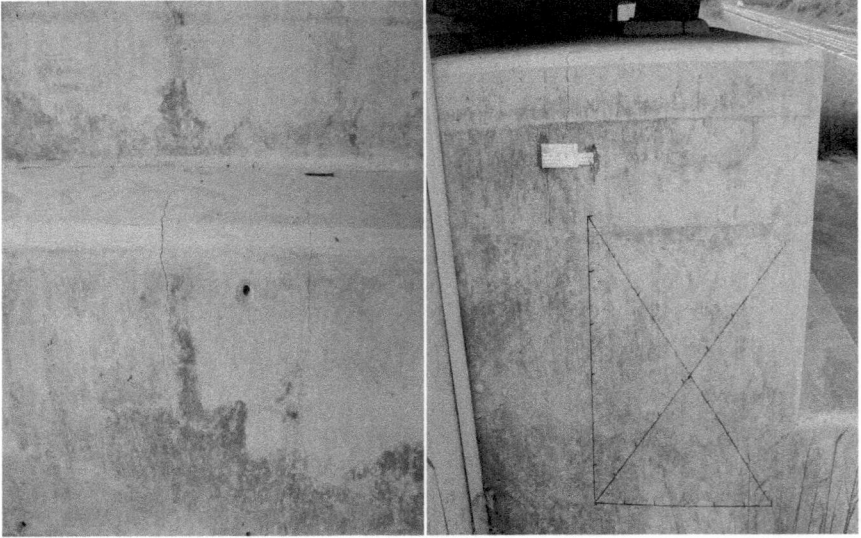

Chevêtre PS599-CC1

Chevêtre PS599-CC4

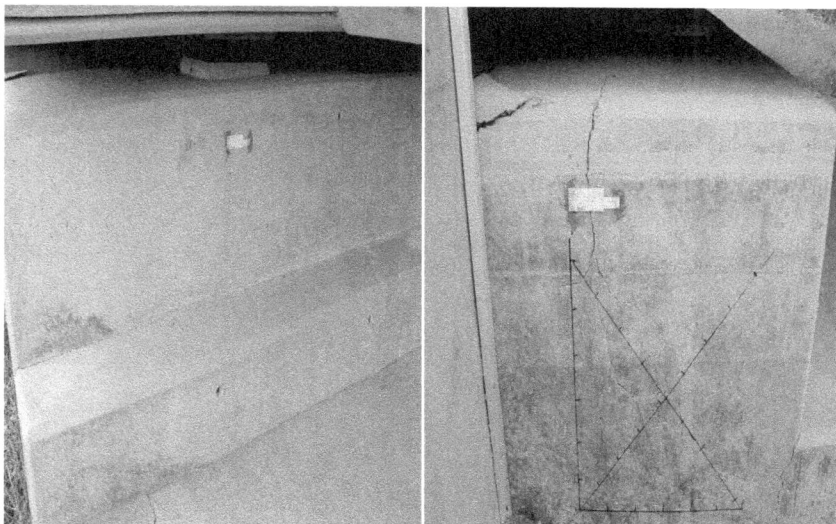

Chevêtre PS611

Chevêtre PS617-CC1

Chevêtre PS617-CC4

Chevêtre PS623-CC1

Chevêtre PS623-CC4

Chevêtre PS645-CC1

Chevêtre PS645-CC4

Chevêtre PS666-CC1

Chevêtre PS666-CC4

Chevêtre PS683-CC1

Chevêtre PS683-CC4

ANNEXE 4

Organigramme décisionnel de l'analyse préliminaire

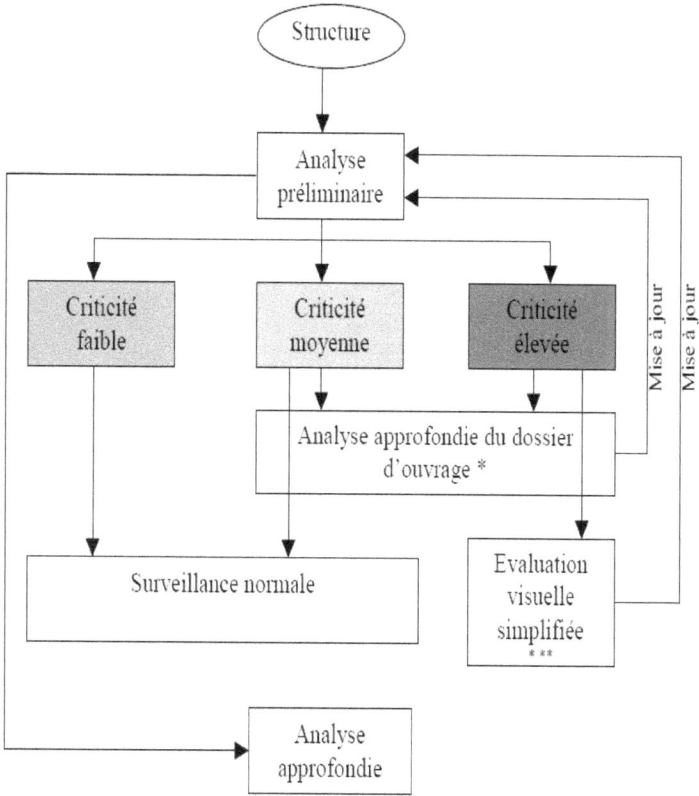

Figure 30 : Organigramme décisionnel de l'analyse préliminaire.

DOCUMENTS DE REFERENCE

[1] : Villemeur (1988) : « Sureté de fonctionnement des systèmes industriels, Editions Eyrolles ».

[2] : « Notice sur la mesure de la température et de l'hygrométrie interne au béton ».

[3] : SETRA, version provisoire (2009) : « Maitrise des risques, Application aux ouvrages d'art ».

[4] : Thauvin.B (2012) « Gestion des risques structuraux : Analyse de risques appliquée à un lot d'ouvrages en béton armé », CETE de l'Ouest.

[5] : ISO 13824 (2009) : « Bases for design of structures, General principles on risk assessment of systems involving structures ».

[6] : « Manuel d'identification des réactions de gonflement interne du béton dans les ouvrages d'art », LCPC, 1999.

[7] : « Recommandations pour la prévention des désordres dus à l'alcali-réaction, Guide Technique », LCPC, 1994.

[8] : « Recommandations pour la prévention des désordres dus à la réaction sulfatique interne, Guide Technique », Aout 2007.

[9] : SETRA (1996) « Image de la qualité des ouvrages d'art, classification des ouvrages ».

[10] : NF EN 206-1, Béton, Partie 1 : « Spécification, performance, production et conformité ».

[11] : Fascicule 65 du cahier des clauses techniques générales : « Exécution des ouvrages en béton ».

[12] : D.GERMAIN « Traitement, renforcement et réparation des ouvrages atteints de réaction de gonflement interne du béton : Guide Technique », LCPC.

[13] : GODART.B et LE ROUX.A (2007) « Alcali-réaction dans les structures en béton : Mécanisme, connaissance, pathologie et prévention ».

[14] : FD P18-542, Granulats, Critères de qualification des granulats naturels pour béton hydraulique vis-à-vis de l'alcali-réaction, Fascicule de Documentation, AFNOR.

[15] : NF P18-454, Béton, Réactivité d'une formulation de béton vis-à-vis de l'alcali-réaction, Essai de performance, AFNOR.

[16] : Rapport final de CEBTP SOLEN, Evaluation du risque de réaction sulfatique interne dans les passages supérieurs de l'autoroute A71.

BIBLIOGRAPHIE

« Aide à la gestion des ouvrages atteints de réactions de gonflement interne », LCPC, novembre 2003.

CORFDIR.P et NEIERS.S (2010) « Analyse des risques appliquée aux viaducs à travées indépendantes en poutres précontraintes (VIPP) ».

« Etude VIPP : Analyse Préliminaire de Risques (APR) », LCPC/CETE, 30/01/2006.

FASSEU.P et MICHEL.M (1997) « Détermination de l'indice de fissuration d'un parement de béton », LCPC.

GERMAIN.D « Traitement, renforcement et réparation des ouvrages atteints de réaction de gonflement interne du béton : Guide Technique », LCPC.

GODART.B, KITTEL.G et FASSEU.P (1999) : « Manuel d'identification des réactions de dégradation interne du béton dans les ouvrages d'art », LCPC/LRPC (Lille).

GODART.B et LE ROUX.A (2007) « Alcali-réaction dans les structures en béton : Mécanisme, connaissance, pathologie et prévention ».

« Recommandations pour la prévention des désordres dus à la réaction sulfatique interne : Guide Technique », LCPC, Aout 2007.

« Recueil d'expériences d'ouvrages traités en France ou à l'étranger ».

THAUVIN.B (2012) « Analyse de risques appliquée à un lot d'ouvrages en béton armé », CETE de l'Ouest.

« Traitement, renforcement et réparation des ouvrages atteints de réaction de gonflement interne du béton : Guide Technique », LCPC.

SITES INTERNET

http://sagaweb.afnor.org

www.ingramcontent.com/pod-product-compliance
Lightning Source LLC
Chambersburg PA
CBHW021604210326
41599CB00010B/600